나무는 사람이 죽인다!!!

이 규 화 지음

BIOSCIENCE
(주)바이오사이언스출판

이 도서의 국립중앙도서관 출판시 도서목록(CIP)는 e-CIP 홈페이지
(http://www.nl.go.kr/cip.php)에서 이용하실 수 있습니다.
(CIP 제어번호 : CIP2016026001)

나무는 사람이 죽인다!!!

초판 인쇄 : 2016년 10월 20일
초판 발행 : 2016년 10월 30일

저　　자 : 이규화
발 행 인 : 문정구
발 행 처 : (주)바이오사이언스출판
주　　소 : 경기도 안양시 동안구 전파로 107(호계동)
전　　화 : (02)581-4057~8　팩스 : (02)581-4059
이 메 일 : inquiry@biosciencepub.com
홈페이지 : http://www.biobooks.co.kr
I S B N : 978-89-6824-061-4 93480
등록번호 : 제22-3079호
값 18,000원

머리말

근대 수목관리학(Arboriculture)의 아버지로 불리는 샤이고(A.L. Shigo) 박사는 그의 저서 '*Tree Pruning*'(국내에 '올바른 나무전정'으로 번역 소개함)에서 생텍쥐페리의 소설 '어린 왕자'에 나오는 여우가 어린 왕자에게 한 말을 인용하였다: "사람들은 이 진리를 잊어버렸다. 하지만 너는 잊어버리면 안 된다. 네가 길들인 것에 대해서는 영원히 네가 책임을 지게 되는 거야."

여우는 '길들인다'는 것을 '인연을 맺는다'는 뜻이라고 말하고, 이렇게 되면 서로가 세상에서 하나밖에 없는 존재가 될 것이라고. 그리고 길들일 때에는 인내를 가지고 매일 조금씩 가까워져야 하며, 매일 같은 시간에 오는 것을 '예절'이라고 말한다. 여우가 들려준 또 다른 두 가지 비밀은 "가장 중요한 것은 눈에 보이지 않는다"는 것과 "내 꽃을 위해 들인 시간 때문에 그 꽃이 중요하게 된 것이다"라는 것이다.

여우가 말한 이러한 얘기들을 수목관리에 적용해보면, 우리는 우리 주변에 식재하는 나무를 길들이기(인연을 맺기) 위해서는 인내를 가지고 매일 또는 정해진 시간에 주기적으로 돌봐주어야 하며, 이렇게 많은 시간을 투자해야 소중하게 된다는 것이다. 그리고 이러한 나무는 우리가 끝까지 책임을 져야 하며, 이렇게 관리된 나무는 눈에는 보이지 않지만 매우 귀중한 선물을 우리에게 준다는 것이다.

그런데 우리는 우리가 주변에 식재한 나무를 관리하기(길들이기) 위해 자주 그리고 주기적으로 돌보며, 충분한 시간을 투자하고 있는가? 그리고 이들 나무의 안녕(well-being)에 대해 무거운 책임감을 가지고 있으며, 이들이 제공하는 귀중한 편익에 항상 고마움을 느끼고 있는가?

우리의 수목관리 현실을 보면 이러한 질문에 자신 있게 '그렇다'라고 대답할 사람을 찾아보기는 어려울 것 같다. 우리는 나무를 올바르게 심지도 않을 뿐만 아니라 심은 후에도 방치하고 있다가, 나중에 너무 크게 자라서 문제를 일으키면 그때서야 그 나무가 주는 편익이나 자신이 취하는 행동이 그 나무의 건강에 어떤 영향을 미치는지는 고려하지 않고 자신이 원하는 만큼 잘라버린다.

이러한 잘못된 관행은 나무에 대한 우리의 무관심과 무지에서 그 원인을 찾을 수 있을 것이다. 필자는 우리가 길들인 주변의 나무에 대한 이러한 우리의 무책함에 대한 부끄러움과 함께 나무에 대한 미안함 때문에 이 책을 쓰게 되었다. 부족하고 아쉬운 점이 많지만 이 책을 통해 좀 더 많은 사람들이 나무에 관심을 갖게 되어 나무가 받고 있는 고통을 덜어주는데 조금이나마 도움이 될 수 있다면 이보다 더 큰 보람은 없을 것이다.

이 책은 2013년 7월부터 한국조경신문에 40회에 걸쳐 연재한 것을 편집하여 엮은 것으로, 여러 가지 부족한 점이 많음에도 불구하고 이 책의 출간을 흔쾌히 수락해주신 ㈜바이오사이언스출판 문정구 대표님께 감사의 말씀을 드린다.

그리고 50대의 나이든 학생을 제자로 받아들여 자상하게 지도해주신 서울대 이경준 명예교수님께 감사드리며, 공부할 때에는 학부모처럼 지금은 든든한 후원자로서 변함없이 응원해주고 있는 아내에게 진심을 담아 고마움을 전한다.

2016년 10월
저자 씀

차 례

4장 도시임학과 수목관리

5장 올바른 식재와 우리의 문제

6장 토양의 양분과 수분 관리

7장 뿌리 관리 문제의 심각성

8장 그릇된 전정 관행이 나무를 망치고 있다

9장 위험하고 오래된 나무의 올바른 관리

저자 소개

마산상고(현 마산용마고)를 졸업하고 한국은행에 입행하여 주경야독으로 성균관 대학교 경영학과 졸업하였다. SK에너지에 입사하여 19년을 근무한 다음, SKM을 거쳐 동산씨앤지 대표이사를 역임하였다. 인생의 후반을 준비하기 위해 천안 연암대학 조경과를 졸업한 후 서울대학교 대학원에 진학하여 2010년 2월 58세에 농학박사(산림환경학 전공) 학위를 받았으며, 현재 서울대학교 식물병원 외래임상의로 활동 중이다. 저서(역서)로는 올바른 나무전정(A. L. Shigo 원저), 도시임학(R. W. Miller 원저), 수목관리학(Harris, Clark, Matheny 원저), 도해 전정론(E. Gilman 원저)과 신 조경관리학(공저)이 있다.

서 론 1

1 식물은 다른 생명체의 생명 근원이다

2 나무의 수난은 농경사회와 함께 시작되었다

3 절대자는 나무 제거의 허가권자

4 나무는 자연에 적응하면서 진화해 왔다

5 나무와 병해충은 공생하고 있다

6 나무는 사람이 죽인다–사람, 나무에 대한 최악의 천적

1 식물은 다른 생명체의 생명 근원이다

나무를 비롯한 식물은 햇빛에너지를 이용하여 이산화탄소와 물로부터 유기물을 합성하는 1차 생산자(primary producer)로서, 스스로 살아갈 수 있는 독립영양체(autotrophs)이다. 이들이 광합성을 통해 생산한 에너지는 자신의 생명활동을 위해 사용하며 남는 것은 생물질(biomass)로 축적한다.

반면, 식물을 제외한 대부분의 미생물과 동물들은 자신의 생명활동에 필요한 에너지를 스스로 만들지 못하기 때문에 이를 다른 생물로부터 얻을 수밖에 없는 종속영양체(heterotrophs)이다. 이들은 1차 생산자인 식물이 축적해놓은 생물질을 직접 사용하는 1차 소비자로부터 2차 소비자, 3차 소비자 등으로 먹이사슬(food chain)을 형성하면서 연결되어 있다.

따라서 지구상의 모든 생명체는 식물이 생산하는 에너지가 없으면 생존이 불가능한 실정이다.

2 나무의 수난은 농경사회와 함께 시작되었다

인류학자들의 연구에 의하면, 우리 인간의 먼 조상은 약 4백만~8백만 년 전에 침팬지와 분리되었으며, 현재 지구상에 생존하는 현생 인류(*Homo sapiens*)는 약 200,000년 전 아프리카에서 현재와 같은 신체 구조를 가지고 나타난 후 약 50,000년 전에 근대적인 행동양식을 보이기 시작했다고 한다.

인간은 오랫동안 다른 동물들과 마찬가지로 정처 없이 유랑하면서 수렵과 채집(hunting and gathering)으로 생활을 영위했다. 이때에는 자연 상태에 존재하는 동식물을 그대로 먹거리로 이용했기 때문에 먹거리가 부족하거나 고갈되면 풍부한 곳으로 이동하는 것이 유일한 대안이었다. 먹거리가 풍부할 때에도 식품을 저장하는 방법을 몰랐기 때문에 필요한 만큼만 사냥하거나 채집하여 이용하였다.

이 시기에 인간은 다른 동물들과 마찬가지로 자연에 순응하면서 자연의 일원으로 살았기 때문에 자연을 파괴하지 않았다. 이러한 형태의 생활은 지금도 밀림에서 살아가고 있는 원시부족의 생활에서 확인할 수 있다.

인간이 지금처럼 정착된 생활을 하게 된 것은 인류 역사 5백만 년을 기준으로 보면 극히 최근인 약 10,000년 전 시작된 신석기 혁명(neolithic revolution, 농업혁명이라고도 함)으로 농업이 발달하기 시작하면서부터다. 이러한 농업혁명은 크게 두 가지 이유 때문에 산림을 훼손하기 시작했는데, 하나는 인구 증가이고 다른 하나는 금속 도구의 활용이다.

농업혁명 당시 1~15백 만 명이었던 세계 인구는 서기 14년에 2억5천만 명 정도로 늘어났다. 이러한 인구 증가로 6,000년 전(BC 4000년)에 메소포타미아, 이집트 나일, 인더스 계곡에 처음으로 원시적인 국가가 출현하였고, 2,000~3,000년 전에는 페르시아, 인도, 중국, 로마, 그리스 등에 거대한 제국이 건설되었다. 농업사회에서의 인구증가는 경작지 확대, 건축용 자재 및 생활 연료에 대한 수요증가로 이어지고, 이는 산림 파괴로 직결되었다.

그림 1 인간도 처음에는 원숭이나 다른 동물들처럼 자연계의 일원으로서 자연에 순응하면서 살았다.

산림파괴를 초래한 또 다른 커다란 사건은 석기시대를 지나 청동기시대에 접어들면서 금속도구와 무기를 사용하기 시작한 것이다. 금속도구나 무기를 만들기 위해서는 광석으로부터 금속성분을 추출해야 하고 이를 가공하기 위해서는 열이 필요한데 이때 숯이 가장 좋은 에너지원으로 사용되었다. 기록에 의하면 인간은 약 6,000년 전부터 숯을 사용했다고 한다.

이러한 야금기술로 인한 최악의 산림 훼손 사례로 16~17세기경 영국의 대규모 산림파괴가 자주 회자되고 있다. 당시 영국은 교역이 증가하고 식민지로부터 값싼 원재료를 확보하여 산업이 크게 발달하기 시작하였다. 이로 인해 철의 수요가 지속적으로 증가하게 되었고, 더불어 철광석 용해용 연료인 숯의 생산도 늘어나면서 영국을 뒤덮고 있던 광활한 참나무 숲은 16세기경 거의 고갈되어 18세기 후반에는 영국의 산림면적이 고작 5~10% 정도로 크게 감소되었다.

3 절대자는 나무 제거의 허가권자

농경사회의 대두로 인해 시작된 산림파괴에 대한 최초의 기록은 약 4,800년 전 고대 메소포타미아 지방의 우룩(Uruk)왕 길가메시의 무용담을 적어놓은 길가메시 서사시(*The Epic of Gilgamesh*)이다. 이 서사시에 의하면, 길가메시는 신의 지시에 따라 2만 시간이나 가야 겨우 도착하는 삼나무 숲으로 가서 거기에 사는 괴물 산지기 훔바바(Humbaba)를 죽인 다음 그의 머리와 함께 많은 삼나무를 벌채하여 뗏목을 타고 유프라테스 강을 따라 돌아왔다.

이러한 내용은 당시의 시대상황을 잘 설명하고 있는 것 같다. 농경사회가 시작된 이후 인구가 증가함에 따라 더 넓은 농경지를 확보하기 위해서는 산림을 개간해야 했지만, 당시 숭배의 대상인 엄청나게 큰 나무를 살라내는 일은 용기만으로 가능한 일이 아니었을 것이다. 이 서사시에 의하면 바빌로니아 사람들은 자신의 왕이 괴물 산지기를 제거했다고 믿으면서 이러한 두려움으로부터 해방된 것 같다.

바빌로니아 사람들은 자신들의 왕이 산지기를 제거했다는 소식이 퍼지자 너도나도 산림을 훼손하여 농경지를 넓히기 시작했을 것이다. 이러한 무절제한 산림훼손은 지금까지 지속되고 있고, 최근에는 새로운 중장비의 개발로 더욱 가속화되고 있다.

구약성경 창세기에도 하나님이 천지 창조의 마지막 날 사람을 창조한 다음 지구상의 모든 생물을 다스리도록 허락하고 모든 작물과 과수를 양식으로 준다고 되어 있는데, 이로써 인간은 당시 경외의 대상인 식물을 포함한 자연을 이용하는데 거리낌 없게 되었을 것이다.

이러한 사례는 우리나라에서도 찾아볼 수 있다. 시골에서 어린 시절을 보낸 사람이라면 예외 없이 어른들로부터 동신제를 지내는 동내 어귀의 노거수는 영험하기 때문에 조금이라도 상하게 하면 큰 해를 입는다는 말을 들었을 것이다. 이러한 거수숭배(巨樹崇拜) 때문에 전문 벌목꾼들도 큰 나무에 함부로 도끼질을 하지 못했다.

그러나 불가피하게 큰 나무를 제거할 때에는 산신제, 나무의 영혼을 달래기 위한 위령제인 소지매기를 지낸 다음 벌목꾼이 "어명(御命)이오!"를 외치며 도끼로 찍는다. 이는 나무를 자르는 것이 벌목꾼 자신의 의사가 아니라 절대자인 임금의 명에 의해 할 수 없이 하는 것이니까 나무에게 양해를 구하는 것이라고 할 수 있다. 벌목꾼 입장에서는 스스로 마음의 평안을 얻기 위해 이러한 절차가 필요했을 것이다.

이러한 행사는 지난 2008년 강원도 삼척의 준경묘 일대에서 광화문 및 숭례문 복원을 위해 금강소나무를 벌채하면서 진행한 적이 있다.

4 나무는 자연에 적응하면서 진화해 왔다

지구상에 광합성으로 에너지를 생산하는 원시생물인 녹조 부유물이 형성된 것은 약 12억 년 전이고, 육상식물이 나타나기 시작한 것은 약 4.2억 년 전이라고 한다. 물에서 살던 식물이 건조한 육지에서 살아가기 위해서는 땅으로부터 흡수한 물과 양분을 자신의 각 조직으로 보낼 수 있는 통로인 관다발(vascular bundle; 유관속/維管束이라고도 함)이 필요한데, 이러한 관다발을 가진 최초의 육상식물인 쿡소니아(Cooksonia)라는 양치식물이 나타난 것은 약 4억 년 전으로 추정된다.

이후 다양한 식물들이 진화하여, 3억2천만 년 전에는 종자식물 중에서 겉씨식물(나자식물/裸子植物)이 나타나기 시작했으며, 현존하는 식물 종의 85% 이상을 차지하고 있는 속씨식물(피자식물/被子植物)이 나타나기 시작한 것은 약 1억4천만 년 전의 일이다. 나무를 포함한 다양한 식물들은 수많은 세대를 거치면서 빙하기, 산불, 화산 폭발, 유성충돌로 인한 충격, 병/해충의 공격, 홍수와 가뭄 등 반복되는 다양한 도전을 겪어왔다.

어떤 종의 나무는 이러한 환경변화에 적응하지 못하고 사라졌지만, 지금 우리가 볼 수 있는 나무들은 이러한 자연의 도전을 극복하고 자연의 변화에 성공적으로 적응하면서 진화해온 매우 똑똑한(?) 종들이다. 환경에 대한 나무의 적응력은 우리의 상상을 초월하는데, 온대지방에서 사는 나무들이 겨울철에 휴면을 하는 것도 매우 훌륭한 생존 전략 중의 하나이다. 많은 사람들이 나무를 함부로 다루는 것은 나무에 대한 이해가 부족하기 때문이라고 생각되며, 만약 나무가 환경변화에 적응하기 위해 어떻게 진화해왔는가를 알게 되면 이를 대하는 태도가 달라질 것이다.

방크스소나무(*Pinus banksiana*)와 롯지폴소나무(*Pinus contorta* subsp. *latifolia*)는 나무가 환경에 적응한 좋은 사례이다. 이들 소나무는 자연적인 산불에 반복적으로 노출되어 왔기 때문에 씨앗을 방출하는데 강한 열이 필요하도록 진화되었다. 그래서 평소에는 닫혀 있던 솔방울은 산불이 발생하면 그 열에 의해 터지면서 씨앗이 방출되어 새로운 숲이 형성된다(그림 2). 바닷물이 들락거리는 침수된 지역에 사는 맹그로브(mangrove)나무는 줄기에 있는 피목을 통해 부족한 공기를 보충하고, 흡수된 염분이 줄기에 쌓이면 오래된 잎으로 이를 보내 낙엽이 질 때 몸 밖으로 배출시킨다.

저지대 물가나 물속에서 자라는 낙우송도 침수가 되면 뿌리 내 통기조직의 발달을 촉진시켜 공기의 흐름을 원활하게 한다. 일반석으로 물가나 수중에서 사라는 낙우송에서 발생하는 기근(영어로는 knee라고 함)이 공기 중의 산소를 흡수하는 역할을 하는 것으로 알려져 있다. 하지만 이 기근을 제거해도 체내 산소 농도에는 변화가 없는 것으로 보아, 침수된 토양의 낮은 경도로 인해 약화된 뿌리의 고착력을 보완하기 위해 넓고 서로 얽힌 뿌리를 발달시키는 것이라는 추측이 설득력을 가진다.

그림 2 열매의 비늘이 닫힌 채 죽은 가지에 달려 있는 방크스소나무 솔방울(위)과 산불로 인해 죽은 나무와 산불의 열기로 방출된 씨앗에 의해 복원되고 있는 롯지폴소나무 숲(아래).

5 나무와 병해충은 공생하고 있다

나무가 병해충에 대해 무방비인 것처럼 보이지만, 실제로는 이들의 공격을 다양한 방법으로 방어하고 있다. 병해충의 공격에 대비하여 가시를 만들거나 수피를 두껍게 하고, 해충이 싫어하는 물질을 체내에 비축하기도 한다. 일단 병해충이 공격하면 재빨리 자체적인 방어시스템을 가동하여 이에 대응하는데, 많은 식물들은 해충의 공격을 받으면 그 해충을 잡아먹는 천적을 불러들이는 휘발성 물질을 방출하고 있는 것이 확인되었다.

일반적으로 수목관리라고 하면 병해충 방제를 떠올린다. 그러나 병해충이 나무에 주는 피해는 작물이나 풀과는 달리 제한적이어서 병해충 때문에 나무가 죽는 경우는 흔치 않다.

이는 여러 가지 이유 때문인데, 첫째로 병해충이 나무를 죽이기 위해서는 나무 전체를 공격하여 피해를 입혀야 하는데, 이들의 활동 기간이 온대지방에서는 봄에서 가을까지로 제한되어 있기 때문에 이러한 전신공격이 쉽지 않다. 한편, 병해충이 휴면에 들어가면 나무는 남은 생육기 동안 원기를 회복하면서 다음 해를 기약할 수 있게 되는 것이다.

둘째로, 앞에 언급한 바와 같이 병해충의 공격에 대해 스스로 방어하는 능력을 개발해왔기 때문에 그 피해가 크지 않다. 그리고 무엇보다도 특정 병해충은 특정 식물만 공격하는 기주특이성(寄株特異性, host specificity)이 있어서 아무리 치명적인 병해충이 성행해도 피해를 입는 종은 한정되어 있다. 예를 들어 소나무재선충병으로 많은 소나무가 죽어가지만 기주특이성 때문에 피해는 소나무속에 속하는 수종에 한정되고 느티나무를 비롯한 다른 수종은 이 병에 감염되지 않는다.

그리고 소나무재선충병이나 참나무시들음병처럼 기주에게 치명적인 피해를 주는 병해충이 발생할 수도 있는데, 만약 이들의 병원성이 강하여 기주를 모두 죽인다면, 기주가 더 이상 존재하지 않기 때문에 결국에는 자신들도 사라질 수밖에 없을 것이다. 이러한 치명적인 병해충이 우리 주변에 많지 않은 것은, 과거에 발생한 치명적인 병해충이 자살특공대처럼 기주와 함께 소멸되었기 때문일 수도 있을 것이다.

그런데 우리는 나무를 관리할 때 대부분의 시간과 비용을 병해충 방제를 위해 투입하는 경향이 강한데, 이러한 관행은 위에 언급한 나무와 병해충 간의 관계를 고려하면 과민하게 반응하는 것이라고 할 수 있다. 나무의 피해는 미생물이나 곤충이 에너지를 얻기 위해 기주(寄主, host)인 나무의 일부를 직접 섭취할 때 발생하게 되는데, 이러한 1차 소비자들을 우리는 병원체나 해충이라고 부르고, 이러한 공생관계를 기생(寄生, parasitism)이라고 한다.

이러한 1차 소비자들은 다시 다른 미생물이나 곤충의 에너지원이 되어 먹이사슬을 형성하게 되는데, 이들 2차 소비자를 우리는 길항 미생물, 천적/포식자 등으로 부른다. 그런데 1차 소비자인 병해충을 방제하기 위해 농약을 살포하면, 이들은 물론 2차 소비자인 길항 미생물이나 익충도 같이 제거되기 때문에 병해충 발생을 억제하는 생태계 메커니즘이 파괴되는 문제가 발생한다. 따라서 농약 살포를 통한 병해충 방제는 그 피해가 심각한 경우를 제외하고는 삼가야 할 것이다.

또 하나 병해충을 관리할 때 명심해야 할 점은, 앞서 언급한 특정 병원체나 해충은 특정 수종에만 기생하는 성질인 기주특이성(寄主特異性, host specificity)이다. 송충이가 가랑잎을 먹으면 죽는다는 옛말은 이를 두고 하는 말이다. 이러한 특성은 특정한 기주와 기생체가 장기간 공격과 방어를 반복하면서 같이 진화(공진화/共進化, coevolution)해오면서 형성된 것이다.

이러한 과정을 통해 나무는 병해충에 대한 저항력을 키워왔다고 할 수 있고, 병해충은 자신에게 먹이와 안식처를 제공하는 기주인 나무가 죽지 않을 정도로 공격의 강도를 조절함으로써 공생하는 현명한 전략을 선택했다고 할 수 있다.

따라서 대부분의 병해충은 미관을 부분적으로 해치는 정도에 그치기 때문에 서둘러 농약을 살포할 필요는 없으며, 적극적인 방제 대책은 치명적인 피해를 주는 소나무재선충병, 참나무시듦병 등 몇몇 병해충에 한정해야 할 것이다.

6 나무는 사람이 죽인다 – 사람, 나무에 대한 최악의 천적

우리가 나무을 보호하기 위해 병해충 방제에 열중하고 있는 동안, 실제로 나무는 사람에 의해 죽어가고 있는데, 이를 두고 등잔 밑이 어둡다라고 할 수 있을 것이다. 도끼, 체인톱, 각종 벌목용 중장비 등 대량 파괴가 가능한 장비로 무장하고 있는 인간은 기주특이성이 없어서 수종을 가리지 않고 공격하고 있기 때문에 나무에게는 공포의 대상이 되고 있다(그림 3). 이러한 인간의 위협에도 불구하고 나무는 인간의 공격을 경험한 것이 1만 년에 불과하여 아직 이에 대한 방어기작을 개발하지 못하고 있기 때문에 속수무책 당하고만 있는 것 같다.

그림 3 수백 년 자란 나무도 체인톱에 의해 순식간에 잘려나간다.

인간에 의한 나무의 피해는 앞서 언급한 바와 같이 산림은 물론 우리 주변에 식재되어 있는 도시림에서도 광범위하게 발생하고 있다. *Chicago Tribune*지는 이미 1986년에 인간이 자연에 대한 최악의 천적(the worst enemy)이라고 언급했다. 아파트 조경을 위해 수억 원을 들여 이식한 1,000년 된 느티나무가 고사했다든가(그림 4), 제초제를 뿌려 강변 조망을 가리고 있는 소나무와 느티나무를 죽였다는 등의 기사를 접하게 되는데, 이는 우리의 무모함과 식재환경을 무시한 수종 선정이 초래한 다양한 수목 피해사례에 비하면 빙산의 일각에 불과하다고 할 수 있다.

인간에 의한 수목 피해는 직접적인 피해와 간접적인 피해로 구분할 수 있다. 간접적인 피해는 인간의 활동이 몇 단계를 거쳐 나무에게 피해를 주는 것으로, 자동차와 공장에서 배출되는 대기오염물질로 인한 산성비와 온실가스로 인한 기상 이변 등이 대표적이며, 이로 인해 나무는 활력을 잃고 점진적으로 고사하거나 사소한 병해충의 공격에도 큰 피해를 입게 된다.

직접적인 피해 요인으로는 부지 환경에 맞지 않는 수종 식재, 가지나 줄기의 과도한 제거, 너무 큰 나무 이식, 공사로 인한 복토/절토/뿌리 절단, 제초제 사용 등이 있다. 여러 가지 편익을 기대하고 식재한 많은 나무들이 이러한 인간의 부주의로 죽어가고 있고, 살아 있더라도 건강하지 못하여 쉽게 병해충에 감염되

그림 4 무리하게 이식하여 죽은 수령 수백 년의 느티나무.

고, 사소한 환경변화에도 치명적인 피해를 입게 된다(그림 5).

인간이 이처럼 무분별하게 나무를 훼손해 가면, 치명적인 병해충이 기주와 함께 사라지듯이, 머지않아 인간도 잘려나가는 나무와 함께 사라질 수밖에 없을 것이다. 따라서 우리가 나무와 함께 영원히 살기 위해서는 우리 주변의 나무를 건강하게 키워가야 할 것이다.

그림 5 굵은 가지를 과도하게 제거하여 죽은 이태리 포플러들.

나무의 특성과 생존전략 2

나무는 다른 생물과는 다른 고유한 특성과 생존전략을 가지고 있다. 우리가 나무를 제대로 심고 관리하기 위해서는 이러한 기본적인 사항에 대한 이해가 선행되어야 하는데, 우리의 현실은 지금까지 이어온 그릇된 관행에 따라 눈앞에 닥친 작업을 수행하는데 급급하고 있는 것 같다. 이러한 그릇된 수목관리 관행의 반복으로 향후 나무로 인한 재해발생 가능성이 가속적으로 누적되고 있어서 크게 우려하지 않을 수 없다.

7 나무의 특성

① 오래 산다.

나무가 오래 사는 것은 당연한데 왜 이를 나무의 특성이라고 새삼스럽게 강조하는지 의아해할 수 있다. 그러나 이처럼 오래 사는 기본적인 특성 때문에 나무는 한해살이인 풀과 다른 생존전략을 구사하게 된다. 오래 산다는 것은 싹이 트고, 자라고, 꽃을 피우고, 열매를 맺고, 마지막으로 죽는 일련의 생활사(生活史, life cycle)가 수십 년에서 길게는 수천 년에 이른다.

지구상에서 지상부 나이가 가장 오래된 나무는 미국 White Mountain에 있는 브리슬콘소나무(bristlecone pine)로 2016년 현재 나이가 5,066년으로 확인되고 있으며, 수백 년 전에 죽은 같은 수종의 나무에서는 나이테가 9,000개 이상 확인되었다(그림 6).

뿌리는 이보다 훨씬 더 오래 사는데, 미국 유타 주의 Fishlake National Forest에 자생하는 사시나무의 뿌리 나이는 80,000년 정도 된 것으로 추정하고 있다. 따라서 나무를 대할 때에는 나무가 오래 사는 생명체임을 잊지 말아야 한다.

그림 6 지구상에서 가장 오래 사는 브리스콜소나무.

② **수종마다 고유의 유전적 특성을 가지고 있다.**

나무는 꽃이나 열매, 잎의 모양, 키의 크기, 수관의 형태, 휴면기 낙엽 여부 등에 따라 분류되는데, 각각의 수종은 서로 다른 환경적응력과 생존력을 가지고 있다(그림 7). 이러한 유전적 특성은 바꿀 수 없으므로, 이를 무시한 식재와 관리는 다양한 문제를 유발한다. 즉, 그늘이 필요한 넓은 공간에는 느티나무처럼 구형의 넓은 수관을 형성하는 나무를, 좁은 식재공간에는 수수꽃다리 같은 관목성

그림 7 넓고 크게 자라는 느티나무(위)와 작게 자라는 조팝나무(아래).

나무를 심으면 최소의 관리비용으로 기대하는 편익을 얻을 수 있을 것이다. 그렇지 않고 식재환경과 다른 생장특성을 가진 수종을 식재하면 비싼 관리비용을 지출하고도 원하는 편익을 얻는데 실패할 것이다.

③ 주어진 환경에 적응한다.

나무는 자신이 자라는 환경에 적응하면서 살아가며, 환경에 적응하는 능력은 수종에 따라 차이가 있다. 나무의 생장에 영향을 주는 환경요인으로는 주변 나무와의 경쟁, 토양의 영양/수분 상태, 고도, 기후 등이 있으며, 이들 환경요인이 나무에게 유리하면 보다 왕성하게, 불리하면 위축된 상태로 자란다.

소나무를 좁은 분에서 키우면 크기가 작게 유지되는 분재가 되고, 관목에 가까운 무궁화도, 2011년 천연기념물로 지정된 강릉 방동리의 무궁화처럼, 생육환경이 아주 좋으면 100년 이상 살고 줄기 둘레가 146cm까지 자란다. 따라서 죽지 않고 살아 있다고 하여 문제가 없다고 생각하면 안 된다.

④ 한번 훼손된 구조는 원상으로 회복되지 않는다.

잔디는 생장점이 지표면 부근에 위치하고 있기 때문에 잎을 짧게 깎아주더라도 다시 자라서 원상을 회복한다. 그러나 키를 키우는 생장점이 가지의 끝에 있는 나무는 구조를 이루고 있는 수간과 골격지들 중 하나 이상을 제거하여 구조를 파괴하면 대부분의 경우 원상회복이 불가능하다.

그런데 현실에서는 이러한 특성을 무시하고 굵은 골격지는 물론 수간까지도 주저 없이 잘라버리는 관행이 일반화되어 있다. 이렇게 구조가 파괴된 나무는 원래 상태를 회복하지 못하고 영원히 흉물로 남아 있을 것이다(그림 8).

그림 8 이렇게 훼손된 구조는 영원히 회복되지 못한다.

8 나무의 생존전략

나무는 앞서 언급한 특성, 특히 오래 사는 특성 때문에 아래와 같은 생존전략을 개발하였다.

① 초기에는 영양생장에 주력한다.

식물의 생장은 영양생장(줄기, 잎, 뿌리 등 영양기관의 생장)과 생식생장(꽃, 열매, 종자 등 생식기관의 생장)으로 구분할 수 있으며, 생식생장이 시작되면 영양생장이 희생된다. 만약 어떤 나무가 어릴 때부터 꽃을 피우는 생식생장을 시작한다면 키나 몸집이 제대로 자라지 못하게 되어 빨리 자라는 주변 나무에 의해 햇빛이 차단되기 때문에 머지않아 죽게 될 것이다.

따라서 나무는 오래 살기 위해 초기에는 키와 몸집을 키우는 영양생장에 주력하게 되는데, 이 시기를 유형기(幼形期, juvenile period)라고 부른다. 이는 사람의 청소년기에 해당하는 기간으로서 장기적인 경쟁에 대비하게 된다.

② 상처가 발생하면 구획화한다.

샤이고(Shigo) 박사는 1959년 미국 산림청이 출범시킨 목재의 품질을 저하시키는 변색과 부후의 원인을 구명하기 위한 프로젝트의 책임자로 임명되었다. 그는 1985까지 26년간 이 프로젝트를 이끌면서, 나무에 상처가 발생하면 나무는 스스로 이 상처를 구획화한다는 수목관리의 기초이론인 CODIT(compartmentalization of decay in tree, 수목 내 부후의 구획화) 이론을 발표하였다.

이 이론에 의하면 나무는 상처가 발생하면 4 종류의 벽(wall)이 상처를 상하/좌우/안팎으로 완전히 둘러쌈으로써 상처로 인한 부후가 상처 발생 이후에 형성된 조직으로 확산되는 것을 막는다고 한다. 이렇게 상처 부위를 밀봉하면 기존의 조직은 포기하더라도 상처발생 이후에 형성되는 조직을 보호할 수 있기 때문에 자신이 계속해서 살아가는 데는 지장이 없게 된다.

만약 나무가 상처부위를 과거와 같은 상태로 원상회복시키기 위해 에너지를 과도하게 사용한다면 나무의 수명은 단축될 것이다. 이는 도마뱀이 자신의 목숨을 보전하기 위해 꼬리를 자르고 도망가는 것과 같은 전략이라고 할 수 있다.

③ **조직간 철저한 독립채산제로 운영된다.**

나무도 다른 유기체와 마찬가지로 기능이 다른 조직들이 서로 유기적으로 연결되어 있다. 뿌리가 수분과 양분을 흡수하여 잎을 비롯한 각 기관에 공급해 주면 잎은 이들을 이용하여 포도당을 만들어서 다시 뿌리로 보내게 되는데, 이 포도당은 뿌리가 활동하는 데 필요한 에너지가 된다.

그러나 어떤 가지가 주변의 구조물이나 위쪽에 위치한 다른 가지에 의해 햇빛이 차단되면 잎에서의 광합성 활동이 감소하여 그 잎으로부터 에너지를 공급받던 뿌리는 굶주리게 되고, 이로 인해 이 뿌리와 연결된 잎과 가지는 수분과 양분을 공급받지 못해 광합성 활동이 더욱 위축되는 악순환에 빠지게 된다.

한편, 줄기와 가지의 연결 구조를 보면, 가지의 아래쪽은 줄기와 연결되어 있는데 반해 가지의 위쪽은 줄기와 단절되어 있는 것을 확인할 수 있다(그림 9). 이는 특정 가지의 잎에서 생산된 에너지는 다른 가지로 이동하지 못한다는 것을 뜻한다. 따라서 어떤 가지가 자신 및 자신과 연결된 뿌리가 필요한 에너지를 스스로 생산하지 못하면 다른 가지로부터 도움을 받을 수 없기 때문에 죽을 수 밖에 없게 된다.

나무의 가지는 이렇듯 철저하게 독립채산제로 운영되고 있으며, 이 또한 스스로 오래 살기 위한 전략이다. 만약 한 가지에서 생산된 에너지가 다른 어려운

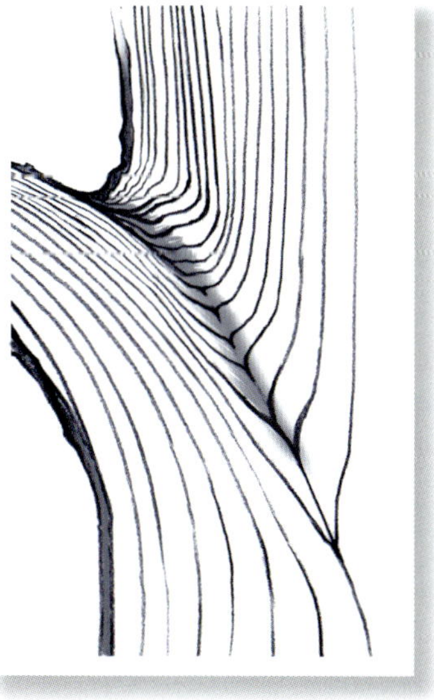

그림 9 가지의 아래쪽은 줄기와 연결되어 있지만 위쪽은 단절되어 있기 때문에(왼쪽, Shigo, 1989), 광합성을 충분히 하지 못하는 그늘진 아래 가지는 고사하게 된다(오른쪽).

가지를 돕는데 사용된다면 그 나무는 전반적인 생장이 위축되어 주변 나무에 피압되기 때문에 일찍 죽음을 맞게 될 것이다.

④ **스스로 최적화 한다.**

나무가 크게 자라기 위해서는 스스로를 지탱할 수 있어야 하기 때문에 이에 필요한 기작을 개발하여 가지고 있다. 나무의 키와 가지의 길이는 자신이 지탱할 수 있을 정도까지 자라며, 바람이 강하면 키를 키우기보다 뿌리를 튼튼히 하는데 더 많은 에너지를 배분한다. 눈이 많이 오는 곳에 적응한 독일가문비는 어린 가지를 아래로 늘어뜨려 눈이 가지에 쌓이는 것을 최소화한다.

이처럼 외부의 스트레스를 줄이기 위해 노력할 뿐만 아니라 이에 대응하여 조직을 추가로 만들어 견디기도 한다. 수간이 기울어지거나 가지에 무게가 증가하면 정상적인 목재에 추가하여 이상재(異常材, reaction wood)가 형성되어 중력에 저항하게 된다. 이러한 이상재는 수종에 따라 형성되는 위치가 다른데, 침엽수는 가지나 기울어진 줄기의 아래쪽에 형성되어 밀어올리는 형태로, 활엽수는 위쪽에 형성되어 당기는 형태로 발달한다(그림 10).

⑤ **생장 환경이 불리하면 휴면한다.**

나무, 특히 활엽수는 생장환경이 불리해지면 잎을 떨어뜨리고 활동을 최소화하면서 휴면에 들어간다. 온대지방에 사는 많은 나무들은 추운 겨울을 지나기 위해 가을에 잎을 떨어뜨리며, 열대지방에서는 건기에 낙엽수가 되기도 한다.

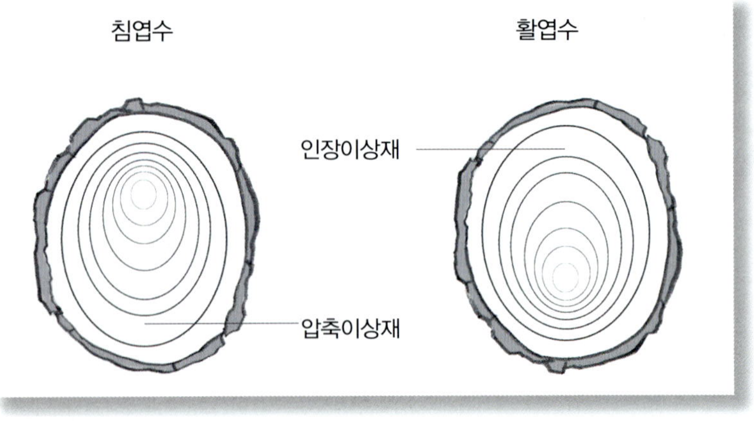

그림 10 나무의 줄기와 가지에 중력이 작용하면 침엽수는 아래쪽에, 활엽수는 위쪽에 이상재가 발달한다.

온대지방에서 계절의 변화를 무시하고 생장을 계속하는 나무가 있다면, 늦여름에서 초가을에 자란 어린 가지나 잎은 영하의 추위에 얼어 죽거나 겨울철 초식동물의 먹이가 되는 피해를 입게 될 것이고, 이는 나무 전체의 생존에도 영향을 미칠 것이다. 우기와 건기가 반복되는 열대지방에 사는 티크나무, 바오밥나무, 아보카도 등은 건기에 잎을 떨어뜨리는데, 이는 나무의 생육에 가장 큰 영향을 미치는 수분을 보전하기 위한 전략이다.

이러한 휴면에는 아브시스산(abscisic acid)이라는 생장조절물질이 관여하는 것으로 알려져 있는데, 이러한 물질을 만들지 못했던 나무는 아마 환경변화에 적응하지 못하고 일찍이 도태되었을 것이다.

⑥ 다른 미생물과 공생관계를 형성한다.

나무는 환경이 불리하면 이를 극복하기 위해 곰팡이(균근)나 박테리아(뿌리혹) 등의 미생물과 공생관계를 형성하기도 한다. 나무는 곰팡이나 박테리아로부터 양/수분이나 질소를 제공받고, 이들 미생물은 나무로부터 자신이 살아가는 데 필요한 에너지인 탄수화물을 제공받음으로써 상생하게 된다.

이러한 공생관계에서 나무는 에너지(탄수화물)가 유출되기 때문에, 토양이 비옥하고 수분이 충분한 경우에는 이들 미생물과 거리를 두면서 살아간다.

⑦ 경쟁관계에 있는 다른 식물을 배척한다.

나무는 동물과 달리 이동이 불가능하기 때문에 주어진 여건 하에서 살아갈 수밖에 없다. 그런데 자신의 주변에 다른 식물들이 있으면 이들과 빛, 물, 영양소, 뿌리 공간 등을 두고 치열하게 경쟁해야 한다.

이에 따라 나무를 비롯한 식물들은 타감작용(他感作用, allelopathy)이라는 전략을 개발하여 경쟁하는 다른 식물의 생장과 번식을 방해하는데, 이를 위해 타감물질을 합성하여 방출한다. 이러한 작용은 주로 큰 나무가 작은 나무나 풀을 견제하기 위해 작용하지만 잔디나 잡초도 큰 나무를 견제하기 때문에, 큰 나무 주변에 작은 나무나 잔디를 심는 관행은 바람직하지 못하다.

나무는 병해충인 미생물에 저항하는 방법도 개발하였다. 이를 위해 방출하는 물질이 피톤치드(phytonchid)인데, 이는 식물이 내뿜는 살충/살균제로 항미생물 휘발성 유기화합물이다. 이를 통해 나무는 자신을 공격하는 미생물을 억제하고 있으며, 전문가들은 5,000종 이상의 휘발성 물질이 존재하고 있다고 추정하고 있다.

수목관리의 역사와 지식체계

3

9 지배층에 의해 시작된 나무 식재

앞서 언급한 바와 같이 인간은 농경생활을 시작하면서 한곳에 정착하게 되었고 식량생산을 위해 과수와 작물을 재배하기 시작했다. 길가메시 서사시와 구약성경에서 살펴본 바와 같이 일단 인간의 자연지배가 정당화되자 농토를 확보하기 위한 산림 파괴가 지속적으로 확대되었고, 이로 인해 인간은 숲으로부터 점점 멀어져갔다.

하지만 인간은 오랫동안 수렵과 채집으로 살아왔기 때문에 숲으로부터 멀어질수록 숲에 대한 향수는 더 깊어갔을 것이다. 그런데 이러한 향수를 달래기 위해 주변에 인공적인 숲은 조성하는 것은 대역사이기 때문에 권력이나 부를 가진 지배계층이 아니면 불가능한 일이었다.

테베(Thebes) 지역의 무덤에서 발견된 벽화를 보면 기원전 2,500년경 고대 이집트의 귀족들은 정원에 포도, 대추야자, 야자수 등 먹거리와 그늘을 제공해주는 나무를 심었다는 것을 알 수 있다. 바빌론에서는 네부카드네자르2세(B.C.605~B.C.562년 재위)가 고향의 산과 푸른 나무를 그리워하는 산악국가 출신 왕비 아미티스(Amytis)를 위로하기 위해 '공중정원(Hanging Garden)'을 건설했다는 기록이 있다. 또 다른 형태의 정원으로는 아시리아에서 왕실이나 귀족들을 위해 조성된 사냥터가 있는데, 이러한 유형의 정원들은 모두 지배층이 자신들을 위해 조성한 것이었다.

한동안 왕과 귀족 등 권력층에 의해 조성되고 관리되던 유럽의 정원은 암흑기인 중세시대에 이르러 수도원 내의 소박한 정원으로 바뀐다. 이후 상업이 발달하면서 상인과 지주가 정원문화의 새로운 주역으로 등장하게 되었으며, 예술과 과학의 중흥기인 르네상스(Renaissance) 시대(14~16세기)에는 부와 권력을 가진 사람들이 더위를 피하기 위해 조성하는 별장이 커다란 흐름이었다. 바로크 시대(17세기)에는 정원과 공원, 오픈스페이스가 일종의 공식처럼 조성되었으며, 루이14세에 의해 축조된 베르사유궁전은 이 시대를 대표하는 건축물과 정원이라고 할 수 있다(그림 11). 이러한 사회의 변화에도 불구하고 대부분의 주민들은 여전히 가난했고, 비참한 환경에서 살아가고 있었다.

동양에서도 지배층에 의해 다양한 정원이 조성되었는데, 중국에서는 주나라(B.C.1046~B.C.771) 때부터 과수를 심어놓은 원(園), 채수를 심어놓은 포(圃), 동물들을 키우는 유(囿) 등 다양한 형태의 원림(園林)이 조성되었으며, 서양과 마찬가지로 왕실을 위한 사냥터가 조성된 것도 이때이다. 특히 한나라(B.C.206~B.C.220) 때에는

그림 11 프랑스 베르사이유 궁전의 정원.

개인 정원이 일반화되기 시작하였는데, 장안에서 멀지 않은 무릉의 거상 원광환은 동서 4리, 남북 5리나 되는 정원을 조성하였다고 한다.

우리나라는 고조선 제세왕 10년(B.C. 180년) 궁원에 복사꽃과 배꽃이 만발하였다는 기록이 있는 것으로 보아 오래전부터 왕궁에 정원을 조성하고 다양한 과수를 심었던 것으로 추정된다. 삼국시대부터 궁궐의 정원을 관리하는 관원이 있었다는 것은 지배계층을 중심으로 정원이 조성되었음을 알 수 있다.

10 최근에 시작된 일반대중을 위한 나무 식재

일반대중을 위해 공공공원(Public Park)을 조성한 것은 그 역사가 170년 정도에 불과하다. 1700년대 중반부터 본격화된 산업혁명으로 인해 빠른 속도로 증가한 도시 인구는 도시의 기반시설(infrastructure)이 수용할 수 있는 능력을 초과하였다. 이로 인해 도시는 과밀해지고, 황량해지고, 산업 폐기물에 의해 오염되었으며, 인류 역사상 가장 큰 인구 집단이 자연과 분리되어 살게 되었다.

이렇게 열악해진 도시환경을 개선하기 위한 최초의 공공공원은 1842년 개장된 영국 리버풀의 프린스공원(Princes Park)으로, 자선사업가인 철강상인 예이츠(Richard V. Yates)가 토지를 기증하고 팩스톤(Joseph Paxton)이 설계하였다. 팩스톤은 1847년 문을 연 버켄헤드공원(Birkenhead Park)도 설계하였는데, 1850년 이 공원을 방문한 미국의 대표적인 조경가 옴스테드(F. L. Olmstead)에게 깊은 인상을 주어 1858년 미국 뉴욕의 센트럴파크(Central Park)를 확장하기 위한 설계에 커다란 영향을 끼쳤다(그림 12).

이후 일반대중을 위한 공공공원이 도심에 건설되었지만, 산업쓰레기와 공해로 인해 열악해진 도심 환경이 개선될 기미를 보이지 않게 되자 새롭게 나타난 산업엘리트들은 쾌적한 생활환경을 찾아 교외로 탈출하기 시작했다. 이러한 부자들의 도심탈출은 도심 정부의 재정수입(재산세)을 감소시키고 이는 다시 환경개선을 어렵게 만드는 악순환을 초래하였다.

한편 사람들의 지속적인 도심탈출은 교외의 교통 혼잡을 심화시켰고, 교외에 살면서 도심에 있는 본사에서 일하던 사람들은 이로 인해 증가하는 통근비용을 재평가하기 시작했다. 이에 따른 사람들의 도심회귀 움직임은 도심의 활력을 회복시켰으며, 도심 정부로 하여금 도심의 쾌적성 향상을 위한 도시 숲 관리에 높은 우선순위를 부여하도록 유도하고 있다.

그림 12 뉴욕 도심에 위치한 Central Park.

우리나라 공공공원의 역사는 1909년 11월 일제의 강권에 의해 창경궁에 동물원과 식물원이 개장되면서 시작되었다고 할 수 있다. 여기에는 일본의 국화인 왕벚나무도 식재되어 무심한 시민들은 1983년까지 밤 벚꽃놀이 축제를 즐기기도 했다. 해방 이후 최초의 대규모 공공공원은 1973년 개원된 어린이 대공원이라고 볼 수 있으며, 1974년 한국종합조경공사가 발족되고 1980년 도시공원법이 제정됨에 따라 공공공원, 가로수, 아파트와 공공시설의 녹지 등 도심의 생활림 조성이 활성화될 수 있는 기반이 마련되었다. 이후 86아시안게임과 88올림픽게임을 준비하기 위한 일종의 도시미화운동은 짧은 기간에 많은 나무를 집중적으로 식재하는 계기가 되었다.

11 관리가 중요하다

이렇게 인공적으로 조성된 정원과 공원은 자연적인 경관과는 달리 지속적인 관리가 필요하며, 이를 위해서는 관리자가 높은 관심과 관리에 필요한 비용을 조달할 수 있는 능력을 가지고 있어야 한다. 권력층이나 재력이 있는 개인에 의해 조성된 정원은 이들의 정원에 대한 높은 관심과 이를 관리하는 데 필요한 전문가를 고용하거나 전정 등 관리에 필요한 비용을 부담할 수 있는 능력이 있기 때문에 잘 관리되고 있는 것이 일반적이다(그림 13).

그러나 불특정 다수가 이용하는 공공공원은 관리주체는 있지만 개인 정원과 비교하면 관심과 투자가 턱없이 부족하여 제대로 관리되지 않고 있는 것이 현실이다(그림 14). 조성만 해놓고 제대로 관리하지 않는 정원이나 공원은 건강하지도, 안전하지도, 아름답지도 않기 때문에 사람들로부터 외면당할 수밖에 없다. 따라서 공원이나 정원은 조성하는 것보다 조성 후에 그 기능이 유지되고 증진되도록 지속적으로 관리하는 것이 더 중요하다. 특히 많은 사람들이 이용하는 공공공원은 더욱 그러하다.

그림 13 높은 관심 하에 지속적으로 관리되는 정원은 건강하고 아름답게 유지된다.

그림 14 형식적으로 조성되고 관리되는 공원은 이용자들로부터 영원히 외면당할 것이다.

12 수목관리의 역사

인간의 농경생활과 함께 발전하기 시작한 수목관리 기술은, 이집트에서는 5000년 전에 이미 흙과 함께 분을 제작하여 나무를 이식했다는 기록이 있으며, 바빌론에서는 2600년 전에 공중정원을 조성할 수 있을 정도의 수목관리기술을 가지고 있었다. 이러한 기술은 서아시아까지 정벌한 알렉산더에 의해 유럽으로 전파되었고, 로마시대에는 토피아리우스(topiarius)라고 불리었던 전문적인 기술을 가진 정원사가 있었다고 한다. 이는 라틴어로 장소(topia)를 조성하는 사람(rius)을 의미하는데, 나중에 다양한 모형으로 깎아 다듬어 만든 조형수목을 뜻하는 토피어리(topiary)의 어원이 되었다.

로마제국이 멸망한 다음 수목관리 기술은 부분적으로 수도승에 의해 계승되었으며, 이후 항해술의 발달로 신대륙으로부터 새로운 식물이 유럽으로 도입되면서 이와 관련된 수목관리학문이 발달하게 되었다. 영국의 Lyte가 1578년 처음으로 지금의 수목관리전문가를 뜻하는 arborist라는 용어를 사용하였지만, 19세기 중엽까지도 수목관리 분야는 임학이나 조림학의 일부로 여겨졌다. 18세기에 접어들면서 다른 과학 분야와 함께 수목관리 분야도 독립적으로 발달하기 시작하였으며, 급격한 산업화로 인한 나무의 생장환경 악화는 이 분야의 발달을 촉진시켰다.

이러한 사회적인 변화와 함께 미국에서는 1869년 유럽에서 들어온 짚시나방(gypsy moth)과 1900년경 일본으로부터 들어온 밤나무줄기마름병(chestnut blight), 1928년 유럽에서 유입된 느릅나무시듦병(dutch elm disease) 등 병해충으로 인한 수목 피해가 확산되면서 나무를 보호하기 위한 전문가 육성이 필요하다는 목소리가 높아갔다.

이러한 사회적인 요구에 따라 코네티컷(Connecticut) 주가 중심이 되어 1924년 전국녹음수협회가 창립되었고, 이 협회는 1976년 오늘의 국제수목관리학회(ISA, International Society of Arboriculture)로 발전하였다. 현재 ISA는 전 세계 수목관리 분야에서 선도적인 위치를 차지하고 있으며, 다양한 연구와 자료 발간, 자격제도 운영 등을 통해 이 분야 발전을 주도하고 있다(그림 15).

수목관리 분야에 대한 정보나 연구가 부족한 19세기 말 이에 대한 방향을 제시한 사람은 1901년 *The Tree Doctor*라는 책을 쓴 John Davey로, 그는 수목관리와 나무의 생리를 연계하여 연구해야 한다고 주장하였다. 1960년대부터는 수목관리 분야의 이론적인 기초가 되는 중대한 연구결과들이 발표되었는데, 이는

그림 15 세계 수목관리 분야를 선도하는 국제수목관리학회(ISA) 본부(미국 일리노이 주 샴페인 소재).

목재의 상품성을 떨어뜨리는 변색이나 부후 문제를 해결하기 위해 미국 산림청이 발족시킨 '산림수목의 변색과 부후에 관한 개척사업(Pioneering Project on Discoloration and Decay in Forest Trees)'을 26년간(1959~1985) 지휘한 Shigo 박사에 의해 주도되었다.

그는 나무에 상처가 발생하면 구획화한다는 자기 방어기작인 CODIT(Compartmentalization of Decay in Trees, 수목 내 부후의 구획화) 이론을 정립함으로써 인간에 의한 관리활동이 나무에 미치는 영향을 예측할 수 있게 하였다. 이는 수목관리에서 가장 중요한 위치를 차지하고 있는 전정(가지치기)에 대한 이론적인 근거가 되어 절단 방법에 관한 해묵은 논쟁을 종식시켰다.

1990년대에 접어들면서부터 ISA를 중심으로 수목건강관리(PHC, Plant Health Care)라는 수목관리에 관한 보다 선구적인 접근방법이 제시되었다. 과거에는 전정, 시비, 병해충 방제 등의 수목관리 작업을 필요한 경우 개별적으로 수행해왔으나, PHC 개념은 나무를 상호의존적인 기능을 가진 여러 조직이 결합된 하나의 시스템으로 보고 모든 관리방법을 동원하여 종합적으로 접근함으로써 나무를 건강하게 키우고, 이를 통해 기상변화나 병해충 등 외부환경 변화에 대한 나무의 저항성을 높여야 한다는 것이다. 이는 나무의 건강한 육성을 통해 문제를 사전에 예방하는 것으로서, 과거 사후관리 위주로부터의 대전환이라고 볼 수 있다.

다른 나라에서도 문제발생에 대한 사후반응 형태로 수목관리 분야가 발전해 왔는데, 영국은 도시수목의 급격한 쇠락을 우려하여 1964년 수목관리협회(AA, Arboricultural Association)를 결성하였으며, 일본도 도시수목과 노거수의 수세가 급격히 약화되는데 자극받아 1991년 일본녹화센터가 수목의(壽木醫)제도를 출범시켰다.

우리나라의 경우, 옛날에는 궁궐이나 사찰, 산림집의 경사지에 계단모양의 단을 쌓아 꽃을 심었으며, 이처럼 뒤뜰의 작은 동산에 조성된 정원을 가꾸는 "동산바치"라는 정원사가 있었다. 그리고 조선 세조 때 강희안(姜希顔:1417~1464)이 양화소록(養花小錄)을 쓴 것으로 보아 당시에 상당한 수준의 수목관리 기술이 활용되고 있었던 것으로 생각된다. 이후 우리의 현대 수목관리 분야는 서양과 비슷한 발전과정을 거치는데, 1974년 한국종합조경공사 발족, 1976년 강전유에 의한 나무종합병원 개원 등으로 태동하기 시작하였다. 한국종합조경공사를 위시한 조경회사들은 주로 경관조성, 수목식재, 전정 등의 작업을 수행하여 왔으며, 나무종합병원을 비롯한 나무병원들은, 1900년대 초반 미국의 수목관리회사들이 수행했던 작업과 마찬가지로, 공동의 청소와 충전, 병충해 방제 등 사후관리 분야 업무를 주로 수행하고 있다.

13 수목관리를 위한 자격/면허제도

서양에서 수목관리에 대한 면허제도가 처음 시작된 것은 1919년 미국의 코네티컷 주인데, 앞서 언급한 짚시나방과 밤나무줄기마름병의 광범위한 피해가 계기가 되었다. 이후 각 주에서 유사한 수목관리 면허제도가 제정되어 오늘에 이르고 있다.

세계적으로 가장 널리 수용되고 있고 이 분야 자격제도의 모델인 ISA의 수목관리 자격제도는 이보다 훨씬 늦은 1992년 시작되었다. 주정부에 사업면허를 신청할 때 이 자격을 사용할 수는 없지만 수목관리자의 전문성을 객관적으로 입증하는 자격으로서의 입지를 확고히 하여, 전 세계에 약 30,000여 건의 자격증이 발급되어 있다. 이 자격증은 미국, 캐나다 등 북미는 물론 스페인어와 포르투갈어로도 응시가 가능하여 중남미에서도 통용되고 있으며, 최근에는 영국 및 유럽연합과도 협약이 체결되어 인정되고 있다. 아시아의 홍콩, 말레이시아, 싱가포르, 대양주의 호주와 뉴질랜드 등 영어권 국가에서도 이 자격제도가 그대로 활용되고 있다.

ISA가 운영하고 있는 자격제도는 기술자 자격인 공인수목관리자(Certified Aarborist)와 작업자 자격인 공인수목작업자(Certified Tree Worker) 등 크게 두 수준으로 구분할 수 있으며, 각 수준별로 전문분야에 대한 자격을 추가로 운영하고 있는데, 기술자 수준에서는 도시림과 송전선 분야에, 기능자 수준에서는 수목등반과 고소작업차 분야에 대한 전문자격을 부여하고 있다(표 1).

영국의 경우, 이수한 교육과정에 따라 국가에서 정한 자격 수준(Level)이 부여되고 있는데, 각 개인은 이를 바탕으로 수목관리협회(AA, Arboricultural Association))에 회원으로 등록함으로써 전문성을 인정받게 된다. 유럽연합은 1992년 포럼형태로 결성된 유럽수목관리위원회(EAC, European Arboricultural Council)에서 유럽수목기술자(ETT, European Tree Technician)와 유럽수목작업자(ETW, European Tree Worker) 자격증을 발급하고 있다. 일본은 일본녹화센터가 1991년부터 매년 시험을 통해 선발한 80명(2002년부터 120명)에 대해 2주 동안의 교육과 시험을 거쳐 수목의(樹木醫) 자격을 부여한다.

우리나라의 수목관리 관련 자격으로는 조경기사(1977년부터)와 식물보호기사(1984년부터), 수목보호기술자(2001년부터) 자격제도 등이 있다. 조경기사는 경관의 조성과 관리 분야에 대한 전문 인력을, 식물보호기사는 주로 농작물 보호 분야에 대한 전문 인력을, 수목보호기술자는 주로 조경수목 보호분야에 대한 전문

표 1. 각국의 자격증 제도 체계

국별	수목관리 분야		농약취급 분야	
	기술자	기능자	기술자	기능자
미국 (ISA)	공인수목관리자 - 도시림전문가 - 송전선전문가	공인수목작업자 - 등반전문가 - 고소작업차전문가	농약적용자	농약작업자
EU	유럽수목기술자	유럽수목작업자		
일본	수목의			
한국	조경(산업)기사 수목보호기술자	조경기능사 수목보호기능자	식물보호(산업)기사	식물보호기능사

인력을 각각 확보하는 것을 목적으로 하고 있다.

한편, 농약취급에 관해서는 국별로 상이한 자격/면허제도를 운영하고 있다. 미국은 농약취급에 관한 기본법령인 '연방 살충제 · 살균제 · 살서제법'(The Federal Insecticide, Fungicide, and Rodenticide Act)에 따라 사용이 제한된 농약에 대해서는 각 주정부가 자체적인 법률로 규제하도록 하고 있다. 따라서 모든 주에서 자신들에게 적합한 농약적용자와 농약작업자에 대한 자격이나 면허 제도를 운영하고 있다. 영국은 국가공인자격인정기관이 발행하는 농약적용 능력자격(certificate of competence)을 취득한 사람을 관련업체가 채용하고 있기 때문에 간접적으로 규제가 되고 있는 셈이다. 반면 일본과 우리나라에서는 농약 적용에 대한 규제가 없으며, 우리나라에서는 식물보호기사와 수목보호기술자 자격시험에서 이 분야를 다루고 있을 뿐이다(표 1).

14 수목관리 관련 학문

우리는 다양한 이유로 주변에 나무를 포함한 여러 가지 식생을 조성하고 있는데, 이들은 다른 환경요인들과 함께 도시 생태계를 형성하고 있다. 모든 생태계가 그러하듯이 도시 생태계도 건강하게 유지되기 위해서는 이를 구성하는 개별 요소들이 모두 건강한 가운데 조화를 이루어야 하는데, 이 중에서도 중요한 위치를 점하고 있는 도시 숲은 더욱 그러하다.

도시 숲을 건강하게 유지하기 위해서는 이를 거시적인 관점에서 다른 요소들과의 조화를 고려하여 계획하고, 조성하고, 관리하는 한편, 미시적인 관점에서 도시 숲을 구성하고 있는 개별 나무가 건강하게 자랄 수 있도록 세심하게 돌보아주어야 할 것이다.

우리는 전자처럼 도시 숲을 거시적으로 접근하는 학문 분야를 도시 임학(urban forestry)이라고 부르고, 후자처럼 개별 나무에 대해 미시적으로 접근하는 학문 분야를 수목관리학(arboriculture)이라고 부른다. 따라서 올바른 수목관리를 위해서는 이들 두 분야에 대한 올바른 이해가 필수적이라고 할 수 있다.

두 학문 간의 관계를 예를 들어 설명하면, 도심에 공원을 조성하고 여기에 휴식공간을 확보하기 위해 녹음수를 식재하기로 결정하는 것은 도시 임학의 영역이고, 이러한 녹음수를 식재할 수 있는 여건을 조성하여 식재한 후 이 나무가 건강하게 자라서 풍성한 그늘을 오랫동안 만들 수 있도록 돌보는 것은 수목관리학의 영역이라고 할 수 있다.

15 수목관리 전문가에게 필요한 기초지식들

수목관리 전문가는 일차적으로 도시 임학에 대한 이해가 필요한데, 이는 위에 언급한 바와 같이 올바른 수목관리를 위해서는 먼저 관리대상 수목으로부터 우리가 기대하는 편익이 무엇인가를 알고 있어야 하기 때문이다.

이렇듯 식재된 나무에 대한 이해를 바탕으로 다양한 수목관리 작업이 올바르게 수행된다면 개별 나무가 건강하게 생장하게 될 것이고, 이런 나무로 이루어진 도시 숲은 건강한 생태계가 될 것이다. 그러나 기대하는 역할을 제공하지 못하는 부적합한 수종을 식재하거나, 적합한 수종을 선정하여 올바르게 식재해 놓았다 하더라도 관리하는 사람이 이를 알지 못하면 머지않아 나무의 건강은 크게 훼손될 것이다.

수목관리는 조성될 도시 숲에 식재할 수종을 선정하는 일로부터 시작되어 해당 나무가 완전히 제거될 때까지 지속된다. 이러한 일련의 수목관리 작업은, 선정된 나무의 식재 부지를 준비한 다음 식재하고, 활착할 때까지 지주 및 관수 관리를 하며, 활착한 다음에도 지속적으로 수분과 영양을 관리하고, 주기적으로 전정을 실시하고, 병해충이 발생하면 이를 방제하고, 공사로 인해 피해가 발생하지 않도록 보호하는 조치를 취하며, 성목이 되면 나무의 위험을 평가하여 취약한 부위에 대한 보강조치와 피뢰시설을 설치하게 되는데, 이러한 관리 노력에도 불구하고 나무가 노쇠하여 인명이나 재산에 위해하다고 판단되면 최종적으로 제거하는 것으로 구성되어 있다.

또한 이러한 작업들은 기계와 장비를 이용하여 수행하기도 하고, 직접 나무를 등반하여 수행하기도 하기 때문에, 이와 관련된 기계나 장비운전 기술, 나무를 등반할 수 있는 기능의 숙달과 함께 높은 안전의식이 필요하다. 이상에 언급된 수목관리에 필수적인 지식과 기술의 보유 여부는 이 분야 전문자격을 부여할 때 시험을 통해 검증되어야 할 것이다.

16 주요국의 수목관리 관련자격 검증내용과 우리의 문제점

앞서 언급한 바와 같이 많은 나라들이 자신들이 필요한 수목관리 관련 자격제도를 운영하고 있으며, 자격취득을 위해 검증하는 내용도 이들 종류만큼이나 다양하다.

먼저 세계적으로 가장 널리 통용되고 있는 미국의 국제수목관리학회(ISA)가 실시하는 수목관리기술자 자격의 시험 내용을 살펴보면, 앞서 언급한 수목관리에 필수적인 도시 임학과 수목관리학 분야가 고루 출제되고 있다. 분야별 비중은 높게는 13%에서 낮게는 8% 정도로 배분되어 있는데, 전정, 수목생리, 작업안전 등이 상대적으로 높은 비중을 차지하고 있다(표 2).

우리에게 익숙한 일본 수목의의 경우, 1차 필기시험을 통해 선발된 사람을 대상으로 2주간의 교육을 통해 자격을 부여하고 있는데, 이들에 대한 교육시간

표 2. 국별 수목관리 관련 자격시험/교육시간 구성비(%) 비교

	미국	일본	한국	
자격증	수목관리 기술자	수목의 (교육시간)	수목보호 기술자	조경기사
시행 기관	국제수목 관리학회	일본녹화 센터	한국수목 보호협회	한국산업 인력공단
수목생리	12	6	25	1
도시임학	8			
수목동정/선정	9	3		10
식재/조성	9	4		4
가지치기	13			1
수목 병해충	9	25	47	4
수목보호	9			
수목위험관리	10			
토양/비료	9	15		3
작업안전	12	2		1
합계	100%	55%	72%	24%
기타 시험/교육과목		부후진단, 외과수술, 등	농약, 산림보호	조경사, 조경계획, 조경설계/시공 등

구성을 살펴보면, 수목병해충에 관한 교육시간이 전체의 1/4을 차지할 정도로 비중이 높으며, 토양/비료 분야도 상대적으로 높은 반면, 나머지 8개 분야는 교육과정에서 제외되어 있거나 그 비중이 매우 미미한 수준이다. 반면, 이 제도의 출발 목적이 노거수 보호에 있었기 때문에 노거수의 부후진단과 외과수술 등의 분야에 전체 교육시간의 거의 절반에 해당하는 45%를 할애하고 있어서, 이 과정을 거친 수목의들이 수목관리 전반에 대해 충분한 지식을 가지고 있다고 보기는 어려운 실정이다.

이렇게 검증 내용이 특정 분야에 쏠리는 현상은 우리나라 수목관리 관련 자격제도에서 더욱 심하게 나타나고 있다. 조경회사 운영에 필요한 자격인 조경기사의 경우, 수목관리 분야 관련 출제 비중이 자격시험 전체의 24%에 불과하고, 나머지는 조경사, 조경계획, 조경설계/시공 등에 배분되어 있어서 수목관리를 위한 자격이라고 보기에는 무리가 있다. 그리고 수목관리 분야 출제 내용도 수목의 동정과 선정 분야를 제외한 다른 분야는 누락되어 있거나 비중이 미미하여 이를 통해 수목관리에 필요한 지식을 검증하는 것은 불가능한 실정이다.

그리고 나무병원 설립자격인 수목보호기술자 자격시험도, 수목병해충 분야의 비중이 일본의 수목의보다 더 높은 47%를 차지하고 있고, 수목생리가 25%를 차지하는 등 두 분야에 집중되어 있으며, 다른 나라에서는 포함되어 있지 않은 농약이나 산림보호 분야가 23%로 높은 비중을 차지하고 있다.

이처럼 우리나라의 수목관리 관련 자격은 그 검증 내용이 2~3개 분야에 한정되어 있어서 여러 가지 문제를 일으키고 있다. 우선 수목관리 활동이 검정 대상 분야에 치중되고, 전문가 육성을 위한 교육도 여기에 집중됨으로써, 다른 분야의 발전은 정체되거나 억제된 상태에서 이 분야만 발전하는 기형적인 모습을 하고 있다. 이러한 현상은 다시 수목관리 분야의 발전방향을 왜곡함으로써 악순환을 지속시키고 있다.

또 다른 문제점은, 검증 내용에서 제외된 수목관리 분야의 후진적 작업관행이 계속 반복되면서 너무나 많은 나무들이 피해를 입고 있다는 사실이다. 어떤 수목관리 분야가 자격 검증에서 제외되거나 비중이 낮다는 것은 이 분야, 특히 전정에 대한 선진 지식과 경험 축적이 크게 부족하다는 것을 의미한다.

따라서 관련 자격을 취득하여 전문가로 인정을 받는 사람들도 이 분야에 대한 지식이 부족하기 때문에 과거의 그릇된 작업관행을 반복할 수밖에 없는 것이다. 이렇게 그릇된 작업관행이 누적되면 많은 도시 수목들이 기대하는 기능을 발휘하지 못할 뿐만 아니라 인명과 재산에 피해를 주는 위해목으로 변하거나 갑

자기 죽게 되는 심각한 문제가 발생하게 된다.

우리는 이러한 심각한 문제들을 해결하기 위해 지금까지 소홀히 다루었던 수목관리 분야에 관심을 가지고 선진 지식이나 기술을 적극적으로 도입함으로써 이 분야를 발전시켜 나가야 할 것이다.

앞으로 강조할 내용도 이렇게 자격 검증에서 제외된 수목관리 분야의 잘못된 작업관행들이 주변 나무들에게 주고 있는 심각한 피해를 중심으로 이어갈 계획이며, 이를 통해 이들 분야의 발전 필요성에 대한 공감을 확신시키고자 한다.

도시임학과 수목관리 4

17 도시 숲의 기능과 수종 선정

도시 숲은 도시 내의 다른 식생, 크고 작은 하천 등과 함께 녹색 인프라(green infrastructure)를 구성하고 있으며, 이는 도로, 보도, 하수 시스템 등 회색 인프라(grey infrastructure)와 공존하고 있다. 이러한 각종 인프라는 지역사회 공중의 요구를 최대한 충족시킬 수 있도록 도시계획 수립과정에서 종합적으로 고려되며, 개별 도시 숲이 공중에게 제공해야 하는 편익의 유형과 크기도 이때 정해지게 된다.

한편, 도시임업의 목표는 도시 숲을 조성하고 관리하는 비용 대비 이로부터의 편익을 최대화함으로써 도시 숲의 기능을 극대화하는 것이라고 할 수 있다. 이를 위해서는 부지와 나무가 잘 조화된 조성계획이 수립되어야 하는데, 문제는 두 요소 모두 우리가 원하는 대로 바꾸는 것이 쉽지 않다는 것이다. 즉, 부지 여건을 변경하는 것은 거의 불가능하며, 개별 나무의 유전적 특성 역시 사람이 조절하는 데 한계가 있다. 따라서 부지 여건과 개별 나무의 유전적 특성에 맞서는 도시 숲 조성계획은 실패할 수밖에 없을 것이다.

이처럼 주어진 부지 여건에 가장 적합한 유전적 특성을 가진 종(種, species)이나 품종(品種, cultivar)을 찾아내는 수종 선정이 도시 숲 전문가의 가장 중요한 역할 중 하나이며, 이러한 지도원리를 “적지적수(適地適樹; right plant in the right place)”라고 부른다. 또한 앞서 언급한 바와 같이 나무는 오래 살기 때문에, 일단 식재된 나무는 장기적이고 광범위하게 영향을 미치게 된다.

따라서 도시 숲으로부터 오랜 기간 최소의 비용으로 최대의 편익을 확보하기 위해서는 사전에 부지 여건과 나무의 특성을 잘 조화시키는 조성계획이 필수적이며, 수목관리의 출발점이라고 할 수 있다. 그러나 유감스럽게도 우리 주변의 도시 숲을 둘러보면 해당 부지에 적합한 수종 선정을 위해 고민한 흔적을 찾아보기 어렵다.

18 올바른 수종 선정

특정한 부지에 적합한 수종을 선정할 때에는 성목이 되었을 때의 크기와 모습, 생장 습성, 환경과 병해충에 대한 내성 등을 고려하여야 한다. 이 중에서 성목의 크기와 외관이 중요한데, 이를 예측하는 가장 좋은 방법은 가까운 공원이나 식물원, 수목원, 도로변, 개인 정원 등에 있는 성숙한 표본목(標本木, specimen)을 관찰하는 것이다.

그러나 우리의 무지막지한 수목관리 관행은 주변의 나무가 표본목으로 자라는 것을 허용하지 않고 있으며, 이렇게 왜곡된 수형으로 자란 나무에 익숙한 사람들에 의해 도시 숲에 식재될 수종이 선정되고 있다. 따라서 이렇게 조성된 도시 숲이 우리가 원하는 편익을 제공할 것이라고 기대하는 것은 처음부터 무리라고 할 수 있다.

최적의 수종을 선정하기 위한 우리의 노력에도 불구하고 문제는 우리가 원하는 완벽한 수종을 구하는 것이 쉽지 않다는 것이다. 즉, 모든 수종은 특정한 환경에 대한 적응력과 관리 요구도 면에서 정도의 차이는 있지만 장점과 단점을 동시에 가지고 있다. 따라서 특정한 위치에 식재하기 위한 수종을 선정하는 것은, 수종이 발휘하는 기능, 수종의 부지 적응력, 향후 필요한 유지관리 규모 등을 고려하여 절충하는 과정으로서, 수종의 장점을 극대화하고 단점을 최소화하는 것이다.

일반적으로 부지 특성에 맞는 수종으로, 부지가 넓으면 교목이, 주위에 포장된 도로나 보도가 있거나 바람이 강한 지역에서는 심근성 수종이, 송전선을 비롯한 지상 구조물이 있는 경우 소교목이, 그늘이 필요한 곳에는 수관이 구형인 활엽수 등이 각각 선호되고 있다. 최근 선진국에서는 주택 조경이 확산되고, 가로수가 상점의 간판을 가리고 송전선 보호를 위한 수목관리 비용이 증가하기 시작하면서 소교목에 대한 관심이 높아지고 있다.

흔히 식재 수종을 선정할 때 현지 기후에 적응하여 생장하고 있는 자생수종을 우선적으로 고려할 것을 권장하고 있는데, 이는 기본적으로 바람직한 방향이라고 생각된다. 그러나 대부분의 도시 토양은 크게 교란되어 있고, 미기후는 포장과 건물에 의해 영향을 받고 있으며, 수계가 변경되고, 오염이 증가하는 등 자생수목의 생장환경과 차이가 크다는 점을 감안하여 결정해야 한다.

가끔은 외래종이나 비자생 수목이 이러한 환경에 더 잘 적응하는 경우도 있으므로 자생수종만을 고집하다가는 자칫 도시 숲의 기능을 떨어뜨릴 수 있다. 비자생 수종으로 우리나라 환경에 잘 적응하고 있는 대표적인 수종으로 양버즘나무가 있으며, 개인적으로는 우리의 수목관리 능력을 고려하면 이 수종이 가로수로 가장 적합한 수종이라고 생각된다.

선진국에서는 수종을 선정할 때 컴퓨터프로그램의 도움을 받고 있다. 이 프로그램은 수종을 기후대별로 구분하고, 이들 수종에 대한 각각의 속성과 특징을 수록한 데이터베이스를 가지고 있어서, 사용자가 원하는 나무의 특성을 입력하면 이에 해당하는 수종을 복수로 제시한다. 이러한 프로그램을 이용하면 보다 쉽게 부지에 적합한 수종을 선정할 수 있을 것이며, 이러한 프로그램의 존재자체가 적합한 수종의 선정이 얼마나 중요한가를 대변해주고 있다고 볼 수 있다.

19 부적합한 수종 식재의 문제점과 해결방안

우리 주변의 도시 숲에서 부지 여건에 부합하지 못하는 수종이 식재되어 지속적으로 문제가 발생하고 있는 경우는 너무나 흔히 찾아볼 수 있다. 이러한 문제들은 대부분 좁은 부지에 크게 자라는 교목을 식재하거나 주변 환경과 충돌할 수 있는 특성을 가진 수종을 식재하기 때문에 발생한다.

부지 크기와 관계없이 교목을 즐겨 심는 것은 식재 당시에는 작은 묘목이기 때문에 해당 부지에 적합한 수종이라고 생각하고 식재하는 경우도 있지만, 원하는 경관을 빨리 조성하기 위해 처음부터 의도적으로 큰 나무를 골라 식재하기 때문이다. 이렇게 부지보다 크게 자라는 수종을 식재하더라도 이로 인한 문제를 예견하고 장기계획을 수립하여 관리해 나간다면 문제될 것이 없다. 하지만 이들 나무는 식재 후 잊혀서 방치되는 것이 현실이며, 나중에 문제가 발생했을 때에는 손쓸 방법이 없는 경우가 대부분이다.

수종 선정의 중요성에 대한 이해를 돕기 위해 우리 주변에서 볼 수 있는 부적합 수종 식재 사례 몇 가지를 소개하고자 한다. 먼저 그림 16을 보면, 메타세쿼이아가 아파트 높이보다 높게 자라서 시야를 가릴 뿐만 아니라 건물과 주민들의 안전을 위협하고 있다. 이러한 문제는 메타세쿼이아가 어느 정도 크기로 자라는가를 고려

그림 16 식재 당시에 작은 묘목이었던 메타세쿼이아가 아파트보다 높게 자라 건물과 사람을 위협하고 있다.

하지 않은 그릇된 수종 선정과 식재 후의 무관심 때문에 발생하였다. 따라서 이 문제는 해당 위치에 부적합한 현재 수목을 제거한 다음 작게 자라는 관목이나 소교목을 식재하여 해결해야 할 것이다.

그림 17의 중앙에 보이는 히말라야시더는 줄기가 제거되고 가지가 크게 축소되어 이 수종 고유의 수형을 찾아볼 수 없게 되었다. 이 나무 또한 식재 당시에는 문제가 없었으나, 시간이 지나면서 저층 세대에 대해 햇빛을 가리고 조망을 방해하게 되자 불행한 길을 걷게 된 것이다. 이 나무 또한 볼썽사나운 모습으로 방치하기보다 해당 위치에 적합한 관목이나 소교목으로 대체하는 것이 현명할 것이다.

그림 18에서 도로 양쪽에 가로수로 식재된 수종은 양버즘나무인데, 오른쪽 나무들은 정상적으로 자라고 있는데 비해 송전선이 지나가고 있는 왼쪽에 식재한 나무들은 송전선에 닿지 않도록 가지가 모두 제거되었다. 이처럼 같은 수종

그림 17 중앙의 히말라야시더는 아파트의 저층 세대에 햇빛을 가리고 조망에 방해되어 강전정되었다.

그림 18 같은 수종(양버즘나무)이지만 식재 부지의 여건에 따라 적합한 수종이 될 수도 있고(오른편) 부적합하여 지속적으로 생장이 억제될 수도 있다(왼편).

도 식재지 여건에 따라 적합한 수종이 될 수도 있고 그렇지 않을 수도 있다는 것을 보여주고 있다.

식재할 때 이렇게 시상에 송선선이 있으면 소교목이나 관목을 선정해야 하며, 나중에 송전선이 가설되는 경우에는 송전선과 충돌하는 가지는 제거하고 송전선으로부터 멀리 자라는 가지를 유지시키는 송전선 전정(utility pruning)을 실시해야 한다. 만약 양쪽 가로수의 수종을 통일시키고 싶다면 왼쪽에 적합한 수종으로 통일하는 것이 올바른 선택이라고 할 수 있다.

20 도시 숲 조성 기준

조성하고자 하는 도시 숲의 기능에 적합한 수종을 선정하고 나면, 다음 단계는 이를 올바르게 식재하고 조성하는 작업이다. 이를 위해서는 식재와 조성에 관한 구체적인 기준이 필요하지만, 문제는 도시 숲의 성격과 식재하는 수종의 특성이 다양하기 때문에 이를 일률적으로 규정하기가 어렵다는 것이다. 도시 숲 중에서 유일하게 식재 및 조성에 관한 규정이 있는 것은 가로수로서 식재 위치와 간격, 크기 등에 관한 사항이 규정되어 있다.

개별 나무의 식재 작업에 관한 구체적인 사항은 추후 수목관리의 각 분야에서 설명하기로 하고, 여기서는 도시 숲 중에서 방풍림, 주거 녹지, 가로수, 공원과 오픈스페이스 등의 조성에 관한 선진국의 기준(Miller, 1998)을 소개한 다음, 우리의 현실과 문제점을 점검해보기로 한다.

방풍림은 문제가 되는 주풍에 대해 90° 각도로 조밀하게 식재하는데, 풍속에 따라 식재밀도와 교목과 관목의 식재비율이 정해지고, 보호할 부지의 후방거리에 따라 식재할 수종의 높이와 다음 방풍림과의 거리가 결정된다. 일반적으로 상록수가 효과적이지만 적합한 상록수가 없을 경우에는 가지가 치밀한 낙엽수도 상당한 효과를 기대할 수 있을 것이다. 조성된 방풍림에 의한 풍속 감소효과는 전방과 후방에서 모두 발생하는데, 그 거리는 방풍림 높이를 기준으로 최대 전방으로 10배, 후방으로 30배에 이른다.

수목식재의 목적이 주택에서의 에너지비용 절감인 경우, 바람이 불어오는 쪽에 소규모 방풍림을 조성하여 찬 공기가 실내로 침입하는 것을 줄이는 것이 효과적이다. 그리고 여름철 열전도에 의한 실내공기 상승을 억제하고자 한다면 외벽 가까이 또는 근접하여 식생을 조성하여 나무와 벽 사이에 단열효과를 가져오는 정체된 공기를 품고 있도록 하면 좋다.

이러한 사항을 종합하여 Sand(1993)는 북반구 온대지방에서는 집의 동쪽과 서쪽에 녹음수를 식재하고, 북쪽과 서쪽에 방풍림을 조성하며, 남쪽에는 식재를 하지 않는 것이 에너지 절감효과를 최대화할 수 있는 방법이라고 정리하였다.

가로수 식재 및 조성과 관련된 사항은, 나무 간 간격, 교통안전과 주변 시설물과의 관계, 식재 가능한 최소한의 공간, 용도별 식재 우선순위 등이다. 초기에 대부분의 가로수 식재 프로그램은 좁은 간격을 강조하여 미국느릅나무, 설탕단풍나무, 은단풍 등과 같은 수종을 6~9m 간격으로 식재하였다.

이러한 근접식재는 인접한 나무가 아래 가지에 대해 서로 그늘을 지움으로써 죽은 가지가 많이 발생하고, 나무 간 생가지가 서로 엉기게 되어 전정을 자주 해주어야 하며, 이로 인한 스트레스로 병해충에 대한 저항력이 약화되는 등 유지관리 비용이 많이 드는 데 비해 미적인 프리미엄은 거의 없는 것으로 나타났다.

이에 따라 최근에는 나무 간 간격을 넓게 적용하는 경향이 있는데, 지자체

여건에 따라 이를 일률적으로 15m로 적용하기도 하고, 성목의 크기를 기준으로 소교목 7.5m, 중교목 10.5m, 대교목 16.5m 등으로 구분하기도 하며, 식재수목 수관폭의 1/2 이상을 유지하도록 규정하는 지자체도 있다. 또 다른 거리관련 규정은 주변 시설물과의 거리인데, 가로수와 주변의 소화전이나 전신주와의 거리를 3m 이상 유지할 것을 요구하고 있다.

미국에서는 교통사고 위험을 줄이기 위해 미국도로교통공무원협회(AASHTO)가 권고하는 차량통행 안전표준(Vehicular Traffic Safety Standard)에 의거 교차로나 진입로의 모퉁이로부터 양방향으로 일정한 거리에 대해 가로수를 식재하지 않는 시야가 방해받지 않는 삼각형(clear sight triangle)을 조성하도록 규정하고 있다.

이 거리는 일반적으로 교차로는 7.5~9m, 진입로나 좁은 도로에서는 4.5m 정도 된다. 그러나 2006년 UC버클리가 발표한 연구결과에 의하면, 교차로나 진입로에 가로수를 식재하는 것이 교통안전을 저해한다는 근거가 희박하고, 이러한 규정 적용으로 도로 사이 길이가 짧은 곳에서는 가로수를 식재하지 못하는 등 다양한 문제가 발생하는 것으로 나타나, 이 권고의 재고를 요구하고 있다.

뉴욕시의 경우, 새로이 개발되는 주택단지와 상업지구에서는 도로 가장자리 연석(curb)과 보도 사이에 최소 90cm(3피트) 폭의 포장되지 않은 식수대(planting strip)를 조성하도록 규정하고 있으며, 여기에는 잔디나 지피식물을 심도록 하고 있다. 다른 지자체도 이러한 식수대를 요구하고 있는데, 식수대 폭이 0.9~1.2m 이하인 경우 나무의 식재를 금지하거나 관목만 식재하도록 규제하고 있다. 이러한 식수대를 확보하지 못할 경우, 포장된 보도 위에 대형 컨테이너(container)를 설치하여 나무를 식재하기도 하는데, 그 크기는 소교목을 기준으로 직경이 2.4~3m 이상, 깊이는 최소 0.9m가 되도록 제작하고 있다.

가로수를 조성할 때 당면하는 또 하나의 제약은 제한된 예산이다. 이러한 예산 제한이 없다면 식재에 관한 우선순위를 정할 필요가 없겠지만, 가용한 예산으로 주민에게 최대의 편익을 제공하기 위해서는 우선순위를 부여할 필요가 있다. 일반적으로 적용되는 우선순위는 주거지역의 가로수가 가장 높으며, 다음으로 상업지구, 산업지구의 순이다.

도시의 공원과 오픈스페이스는 용도가 복합적이어서 여러 가지 기능이 부여되기 때문에 보편적으로 적용할 수 있는 식재기준을 제정하는 것은 불가능하다. 따라서 이들 공간은 이를 이용하는 모든 사람을 만족시키기보다는 개별 지역에 가장 적합한 편익을 제공하도록 설계되고 조성되어야 할 것이다. 오픈스페이스에서의 수목식재는 해당 지역의 전반적인 수목 피복요구에 기반을 두어야 하는

데, 스포츠용 공간에는 나무를 식재할 수 없기 때문에 모든 오픈스페이스에 나무가 식재되는 것은 아니다.

21 우리의 도시 숲 조성 현황과 문제점

우리나라의 도시 숲은 도시 주위의 그린벨트를 제외하면, 아파트단지 등의 공동주택 녹지, 가로수, 도시공원 등으로 구성되어 있다. 먼저 공동주택에 조성된 녹지를 살펴보면, 가장 빈번하게 관찰되는 문제가 주택의 정면인 남쪽에 수고가 10m 이상으로 자라는 대교목을 근접하여 식재하는 경우(그림 19)와 동일한 생육공간에 관목, 소교목, 대교목을 동시에 식재하는 다층식재(그림 20)이다.

주택의 남쪽에 대교목을 식재하여 발생하는 문제는 과거의 잘못된 수종선정으로 인해 발생하고 있으나, 최근에도 크게 자라는 수종의 묘목을 주택 전면에 식재하는 잘못된 관행이 종종 관찰되기도 한다. 이들 나무는 여름에 그늘을 만들어주는 긍정적인 효과도 있지만, 시야를 방해하고 겨울에는 햇빛을 차단하여 에너지비용을 증가시키는 더 큰 문제를 유발한다.

동일한 공간에 여러 수종을 식재하는 다층식재는 원하는 경관을 조기에 조성하기 위해 활용하고 있으며, 조경에 관심이 높은 아파트단지에서 흔히 관찰되고 있다. 처음에는 이렇게 조성된 녹지가 보기 좋을지 모르지만 시간이 경과할수록 상층 수목의 수관이 만드는 그늘에 의해 하층 수목이 고사하면서 전반적으로 흉물스럽게 변하게 된다. 이러한 녹지조성은 주변의 도시공원에서도 흔히 볼 수 있다.

우리나라 주요도시의 가로수 조성 및 관리에 관한 조례를 살펴보면, 미국과 비슷한 식재관련 규정을 찾아볼 수 있다. 가로수의 식재 간격은 6~8m로 미국의 초기 단계처럼 좁게 규정되어 있는데, 주변 가로수의 수고와 수형이 다양함을 감안하면 좀 더 확대하고 세분할 필요가 있다. 우리는 미국과 달리 보도와 차도 사이에 비포장 녹지대가 없기 때문에 도로에 근접하여 가로수를 식재하는 것을 예방하기 위해 최근에 보차도 경계선과 가로수 수간 중심까지의 거리를 최소 0.8~1m 이상 확보하도록 하는 규정을 도입하였다. 이러한 규정이 없을 때 조성된 가로수는 도로에 너무 근접하게 식재되어 도로를 침범하는 사례가 발생하고 있다(그림 21의 왼쪽).

그림 19 주택의 남쪽에 식재된 대교목이 자라서 건물 전면을 가리고 있다.

그림 20 관목, 소교목, 대교목을 다층 식재한 이후 대교목이 만든 그늘에 의해 고사한 측백나무와 주목.

그림 21 도로변에 근접하여 식재된 이후 도로를 침범하고 있는 가로수(왼쪽)와 전신주와 교통표시판 기둥 사이에 위치하여 지속적으로 가지가 제거되고 있는 가로수(오른쪽).

가로수에서 가장 흔하게 발생하는 문제는 전신주나 교통표지판 등 교통안전 시설물과의 충돌이다. 일부 지자체의 조례에서 가로수와 상충할 수 있는 도로표지 등을 새로이 설치할 때에는 가로수관리청과 협의해야 하고, 이들을 가리는 가로수의 가지치기를 요청할 경우에는 지체 없이 조치해야 한다고 규정하고 있을 뿐, 이러한 시설을 고려하여 사전에 거리를 확보해야 한다는 규정은 찾아볼 수 없다. 이로 인해 전신주나 교통시설물에 근접하여 식재되어 이들과 충돌하고 있는 가로수가 도처에 산재해 있고(그림 21의 오른쪽), 이들 가로수에 대한 가지제거가 무분별하게 자행되고 있다.

22 도시 숲의 유지관리

산림과 마찬가지로 도시 숲도 조성된 후 생장단계에 따라 전정, 시비, 간벌, 갱신 등의 유지관리 작업을 계획적으로 실시해주면 건강하게 유지되어 많은 편익을 제공하게 된다. 그런데 도시 숲은 산림에 비해 주변 여건이 복잡하고 변화가 심하기 때문에 더욱 다양하고 빈번한 유지관리 작업이 필요하다. 그러나 우리 주변의 도시 숲은 대부분 이러한 사후관리 없이 방치되거나 불필요하고 그릇된 간섭으로 건강이 크게 훼손되고 있는 실정이다.

도시 숲을 건강하게 유지하기 위한 관리 작업으로는, 식재 후 관리인 관수, 지주 관리, 멀칭 등과, 활착 이후 실시되는 전정(pruning), 시비, 간벌, 그리고 수명을 다하거나 손상이 큰 나무에 대한 제거와 교체 등이 있다.

1) 전정

도시 숲을 구성하는 나무에 대한 전정은 미관과 공해방지, 에너지 절감, 차폐, 주변의 건축물이나 기반시설과의 조화 등을 위해 수행한다. 이를 위해서는 수관을 축소하거나 솎아주고, 통행공간을 확보하기 위해 수관을 높여주고, 아름다운 수형을 만들기 위해 수관을 다듬어주어야 한다.

전정에 관한 보다 구체적인 사항은 수목관리의 각 분야를 다룰 때보다 자세히 설명하기로 하고, 여기서는 도시 숲의 기능을 일시에 파괴하는 두절(頭切, heading/topping)의 폐해를 소개하고자 한다. 두절은 작업자가 원하는 위치에서 나무의 굵은 가지나 줄기를 일거에 제거하는 극단적인 수목관리 작업으로, 수형의 파괴는 물론 절단 부위에서 시작된 부후는 해당 수목을 위해한 수목(hazardous tree)으로 발전시키고, 심하면 죽게 하는 등 인간이 나무에 대해 저지르는 극단적인 죄악으로 절대 해서는 안 되는 작업이다(그림 22). 미국 대부분의 지자체 수목조례는 두절을 불법으로 규정하고 이를 금지하고 있다.

그럼에도 불구하고 이러한 작업이 우리나라에서 널리 자행되고 있는 것은, 식재 부지보다 크게 자라는 수종을 식재한 후 주기적으로 크기를 조절하는 노력을 하지 않고 방치했기 때문이다. 이러한 그릇된 작업 관행은 이미 나무의 크기를 축소하는 매우 유용한 방법으로 성작되어 있어서, 이러한 폐해를 인식하고 대책을 마련하기는커녕 우리 스스로 이러한 작업을 요구하고 있는 실정이다. 이로 인해, 우리가 인식하지 못하는 사이에, 기능을 잃은 도시 숲과 인명과 재산을 위협하는 나무가 지속적으로 증가하고 있다.

2) 시비

도시 토양은 다양한 기반조성 공사로 인해 크게 교란되어 있고, 유기물이 부족하여 나무가 자라기에는 여건이 불리할 수 있다. 이에 따라 나무를 식재하기 전에 토양을 개량하는 조치를 취하거나, 활착된 이후에 추가적인 시비를 실시하

그림 22 무자비한 두절로 갑자기 모든 가지를 잃고 흉물스럽게 변한 양버즘나무.

는 경우가 있다. 그러나 일반적으로 식재지 토양의 문제를 정확하게 분석하고 이에 적합한 조치를 취하는 것은 쉽지 않은 일이다.

한편, 나무는 주어진 토양 환경에 순응하면서 살아가는 능력이 있기 때문에, 교란되고 척박한 도시 토양에서도 큰 문제없이 살아가고 있는 것을 볼 수 있다. 지금까지의 경험에 비추어보아도, 도시에 식재된 나무에서 발생한 문제는 영양 부족보다는 처음부터 불량한 나무를 식재하거나, 그릇된 전정, 배수 불량, 생육 공간 부족 등에 기인하는 경우가 대부분이다.

따라서 생육불량의 원인이 부족한 영양 때문이라는 명확한 진단이 나오기 전에는 도시수목에 대한 시비를 삼가는 것이 좋다. 이러한 과정을 거치지 않고 시비를 하게 되면 자칫 영양의 과다공급이나 불균형으로 이어져 일부 조직의 과다 생장을 초래하기 때문에 추가적인 관리비용이 발생할 수 있다.

3) 간벌

우리는 원하는 경관을 빨리 조성하기 위해, 또는 식재 후 고사로 인한 경관의 변화를 최소화하기 위해서 나무를 조밀하게 식재하는 경우를 많이 볼 수 있다. 이렇듯 초기에 나무를 밀식하는 것은 비난받을 일이 아니지만 문제는 식재 후의 사후관리이다. 일반적으로 어린 나무를 식재한 경우, 2년 정도가 지나면 활착여부가 결정되며, 이때까지 살아남은 나무는 본격적인 생장을 시작하게 된다.

식재된 개별 수목이 몸집을 키우기 시작하면 인접한 나무끼리 가지가 얽히고 그늘을 지우게 된다. 이처럼 좁은 생육공간을 두고 경쟁하는 나무는 더 많은 햇빛을 받기 위해 키를 키우는 데에만 열중하여 직경생장이 부진하게 되기 때문에 가늘고 길게 자라게 된다(그림 23). 이러한 상태가 장기간 지속되면 모든 나무는 수고/직경비율이 높은 연약한 나무가 되어 바람에 쉽게 꺾이게 되고, 조기에 생장 한계에 도달하여 해당 숲 전체가 일찍 쇠퇴기에 접어들게 된다.

그림 23 밀식된 후 방치된 은행나무가 가늘고 길게 자라고 있다.

이러한 문제를 예방하기 위해서는 수목 간 경쟁이 시작되기 전에 주기적으로 해당 수종이 필요로 하는 생장공간을 확보해주는 간벌(間伐, thinning)을 실시해야 한다. 그리고 간벌의 효과를 극대화하기 위해서는 식재에 앞서 간벌작업까지 고려한 식재계획을 수립하는 것이 중요하다. 사전 계획 없이 조성된 도시 숲을 간벌하면 개별 수목은 건강하게 자랄지 모르지만 최종적인 모습은 우리가 원하는 것과 다를 수 있다.

4) 제거와 교체

도시 숲을 구성하고 있는 나무는 성숙기가 지나면 기능이 지속적으로 떨어지기 때문에 새로운 나무로 교체해야 하는데, 문제는 안전 때문에 수명이 다할 때까지 기다릴 수 없다는 것이다. 그리고 그릇된 관리나 건설공사로 인해 나무가 직접적인 피해를 입거나 생장환경이 바뀌어 가까운 시일 내 위해한 나무가 될 가능성이 있을 경우에도 기존 나무를 교체하는 의사결정을 해야 할 것이다(그림 24).

그림 24 수간이 부후하여 위해한 상태로 방치된 가로수.

도시 숲 조성의 역사가 길지 않은 우리는 문제가 발생하면 반응하는 사후관리 위주로 이를 관리하고 있다. 그러나 도시미화를 위해 1980년대에 집중적으로 식재한 나무들이 성숙기에 이르렀고, 이들 나무에 대한 우리의 그릇된 관리 관행으로 위해한 나무가 누적되고 있는 점을 고려하면, 도시 숲 관리가 계획적이고 예방적인 사전적 관리로 전환되어야 할 것이다.

5

올바른 식재와 우리의 문제

23 올바른 식재의 중요성

식재할 수종이 선정되면 개별 나무에 대한 식재 작업이 진행된다. 이는 새로운 나무를 성공적으로 정착시키기 위한 일련의 작업들 중에서 가장 먼저 수행되는 작업으로서, 이어지는 작업에 영향을 미치기 때문에 세심한 주의가 필요하다. 여러분이 합리적인 발주자(project owner)라면 1만 원짜리 나무를 심기 위해 5만 원의 식재 비용을 지출하는데 망설임이 없어야 할 것이다.

이러한 작업은 식재한 나무가 성공적으로 활착해야만 끝나는 것으로, 활착하는 기간 동안의 돌봄, 특히 적절한 관수는 매우 중요하다. 이러한 사후관리 노력에도 불구하고 나무는 이식으로 인한 스트레스로 병해충에 대한 저항력이 약화되어 있기 때문에 궤양병이나 나무좀 등에 대한 예방 조치도 게을리 해서는 안 된다.

이렇게 한 그루의 나무를 성공적으로 정착시키기 위해서는 식재 과정에서의 세심한 주의와 식재 후의 지속적인 관리가 필요하지만, 안타깝게도 우리 주변에는 그릇된 관행에 따라 성의 없이 식재된 후 적절한 사후관리, 특히 관수를 하지 않고 방치되어 죽어가는 나무들을 너무나 많이 볼 수 있다.

24 식재 적기

온대지방에서는 휴면기인 땅이 얼기 전 늦가을이나 생장이 시작되기 전 조봄이 적기이나, 겨울이 추운 지방에서는 늦가을에 식재하면 추위로 인한 동해나 건조 피해를 입을 수 있으므로 봄 식재가 권장된다. 지상부 생장이 시작되기 전인 초봄에 나무를 식재하면 겨울 추위를 피할 수 있고, 지상부가 생장하기 전에 일부 뿌리의 생장을 기대할 수 있는 장점이 있다.

최근에는 다양한 기술이 개발되면서 계절에 제한을 받지 않고 식재하고 있는데, 이식된 나무의 성공적인 활착을 위해서는 나무의 생육상태와 계절적인 영향을 고려한 이식 작업과 적절한 보완 조치가 필요하다. 예를 들면, 여름에 이식을 하는 경우, 근분을 좀 더 크게 하고 근분이 마르지 않도록 더 많은 주의를 기울여야 하며, 식재 후에는 잎의 증산을 억제하고 관수를 더 자주하여 건조피해를 받지 않도록 관리해주어야 한다.

25 식재 작업 순서

이식/식재 작업은 사전 준비단계, 현장 식재 단계, 식재 후 사후관리 단계로 구분할 수 있으며, 이들 단계별 작업을 차례로 살펴보고자 한다.

1) 양질의 나무 구매하기

식재 작업의 출발은 좋은 품질의 나무를 확보하는 것으로부터 시작되는데, 양질의 나무란 생육이 왕성하고 튼튼한 구조를 가진 나무를 말한다. 이 두 요건을 모두 갖춘 나무를 구하기 어렵다면 구조가 튼튼한 나무를 선택하는 것이 바람직한데, 이는 앞서 언급한 바와 같이 나무는 오래 살고 한 번 형성된 구조는 바로 잡기 어려운 특성을 가지고 있기 때문에, 구조적으로 취약한 나무를 식재해 놓으면 두고두고 문제가 될 수 있다(그림 25).

나무는 크게 지상부와 지하부로 나눌 수 있고, 지상부는 줄기와 가지, 잎으

그림 25 이렇게 품질이 불량한 나무는 구매할 때 배제되어야 한다.

로 구성되어 있으며, 지하부는 뿌리를 의미한다. 지상부가 튼튼한 구조를 형성하기 위해서는 상처 등 결함이 없는 수간(樹幹, trunk)이 외줄기로 수관(樹冠, crown)의 끝까지 연결되어 있고, 이러한 수간을 따라 가지가 적절한 간격을 유지하면서 나선형으로 부착되어 있어야 한다(그림 26).

뿌리도 수간으로부터 사방으로 고루 뻗어 있고 수간 주위를 맴돌거나 옥죄는 뿌리가 없어야 하는데, 문제는 땅속에 묻혀 있는 뿌리의 상태를 확인하는 것이 쉽지 않다는 것이다. 현장에서 뿌리의 구조를 확인하는 방법은 근원(根元, root flare)을 노출시킨 다음 이 부위에서의 뿌리 발달을 점검하는 것이다. 근원은 수간과 뿌리가 만나는 곳으로 외형적으로는 수간의 기부(基部, base)가 굵어지기 시작하는 부위인데, 여기서 뿌리가 사방으로 잘 발달되어 있고, 맴도는 뿌리가 보이지 않으면 뿌리의 구조가 튼튼하다고 추정할 수 있을 것이다.

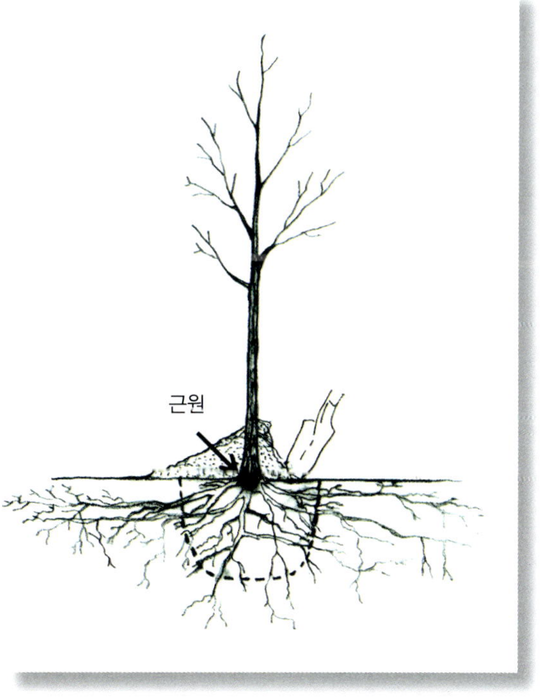

그림 26 이식할 나무는 외줄기의 수간을 따라 가지가 적절한 간격으로 부착되어 있어야 하고, 근원을 노출시킨 다음 충분한 크기의 근분을 제작하여야 한다.

2) 근원 노출시키기

식재 작업에서 근원을 확인하는 과정은 뿌리 상태를 점검하기 위한 목적 외에 근분 제작과 식재 작업을 올바르게 수행하기 위해서도 필요하다. 일반적으로 농장에서는 묘목이 깊게 식재되어 있는 경우가 많으며, 용기묘일 경우 그 정도는 더 심하다. 이렇게 복토(覆土)나 심식(深植)된 나무를 근원이 노출되어 있는 나무와 같은 깊이로 굴취하게 되면 뿌리를 더 많이 상실하게 되기 때문에 이식 후 생존율이 떨어지게 된다(그림 26).

또한 근원은 심식 여부를 판단하는 기준이 되는데, 근원을 노출시켜 놓으면 나무를 너무 깊게 심는 심식으로 인한 피해를 예방할 수 있다. 뿌리는 스스로 생장하면서 수분과 양분을 흡수하는 활동을 하는데, 이를 위해 필요한 에너지는 잎으로부터 공급받은 탄수화물을 분해하여 얻는다. 이렇게 뿌리가 탄수화물을 분해하기 위해서는 산소가 필요하기 때문에 일을 하는 가는 뿌리는 대부분 토양 중의 산소 농도가 높은 지표면 가까이(20~30cm 이내)에 분포하고 있다. 그런데 심식이나 복토로 토심이 더 깊어지면 이러한 세근들은 산소부족으로 질식하여 죽게 되고, 이로 인한 피해는 시간을 두고 서서히 나타나게 될 것이다.

심식으로 인한 피해는 토양과 접촉하는 수간에서도 발생하는데, 땅속에 묻힌 수간은 높은 수분으로 인해 부후되기 쉽고, 토양에 서식하는 각종 병해충의 표적이 될 수 있다. 이처럼 식재 작업을 준비하는 과정에서 근원을 확인하는 것은 매우 중요하기 때문에 생략하거나 소홀히 다루어서는 안 된다.

3) 충분한 크기의 근분 제작하기

이식되는 나무는 뿌리의 90% 이상을 상실하기 때문에 식재 후에 고사하기도 하고 살아남아도 이로 인한 스트레스 때문에 오랜 기간 생육이 부진하게 된다. 따라서 어려움이 있겠지만, 근분을 제작할 때 가능하면 많은 뿌리가 함께 이식되도록 해야 하며, 이를 위해서는 근분의 직경을 키워야 한다.

국내 작업 현장에서 제시되는 근분의 직경은 근원직경의 4~5배인데, 이 정도 크기의 근분으로는 나무가 필요로 하는 최소한의 뿌리를 확보하는 것은 불가능할 것이다. 이에 비해 미국은 이식하는 나무는 지상 30cm에서 측정한 직경이 20cm 이상이면 이 직경의 8~12배에 해당하는 너비의 근분을 제작하도록 '이식 작업에 관한 국가표준(ANSI A300(Part 6)-2012 Planting and Transplanting)'에 규정하고 있다. 이러한 권고는 영국이나 호주 등 다른 선진국에서도 국가표준으로 규정하고 있는데, 이식되는 나무가 필요로 하는 최소한의 뿌리를 확보하기 위해서는 근분의 직경이 이 정도는 되어야 할 것이다.

근분의 깊이는 직경에 비례하여 키울 필요는 없는데, 이는 앞서 언급한 바와 같이 가는 뿌리가 대부분 지표면 가까이에 분포하고 있기 때문이다. 근분의 적절한 깊이는 뿌리의 밀도를 기준으로 결정할 수 있는데, 뿌리의 밀도가 현저하게 감소할 때까지 굴취하면 충분하고, 더 깊이 들어가면 근분의 크기와 무게만 늘어날 뿐이다.

이렇게 굴취된 뿌리는 마대 등의 포장 재료로 감싼 다음 튼튼한 끈이나 밧줄, 필요하면 철망이나 철사로 동여매어 움직이지 않도록 단단히 고정시켜야 한다. 이렇게 굴취된 나무는 지체 없이 예정된 장소에 식재되어야 하며, 운반 중에 근분이 마르거나 깨지지 않도록 주의하여야 한다.

4) 전정 최소화

우리는 나무를 이식할 때 굴취과정에서의 뿌리 손실을 보상하기 위해 지상부를 대폭적으로 줄이는 전정을 빠뜨리지 않고 있다. 이러한 작업을 T/R율(Top/Root Ratio)을 맞추는 일이라고 하여 당연시 하고 있는데, 출처를 알 수 없는 정체불명의 T/R율이라는 용어 때문에 우리 주변에는 아름다운 수관(그림 27의 왼쪽)이 훼손된 채 줄기만 덩그러니 이식되어 있는 볼썽사나운 나무를 흔히 볼 수 있다

그림 27 자연 수형의 느티나무(왼쪽)와 T/R율을 맞추기 위해 지상부의 대부분이 제거된 후 이식된 느티나무(오른쪽).

(그림 27의 오른쪽).

반면 미국을 비롯한 수목관리 분야 선진국에서는 이러한 뿌리 손실을 보상하기 위해 지상부의 크기를 줄이는 전정을 금하고 있다. 이들이 이식 과정에서 허용하는 전정은, 굴착이나 적재 및 운송에 방해가 되는 가지, 작업과정에서 부러지거나 심각하게 손상된 가지 등을 제거하는 정도로 한정하고 있다.

이렇게 나무를 이식할 때 전정을 제한하는 데는 여러 가지 이유가 있다. 첫째로, 뿌리 손실을 완벽하게 보상하는 전정은 불가능하다. 왜냐하면 우리는 나무를 굴착할 때 땅속의 뿌리가 얼마나 많이 제거되었는지, 제거된 뿌리가 지상부의 어느 부위와 연계되어 있는지를 정확하게 알지 못하기 때문이다.

따라서 이식목에 대한 전정은 해당 나무가 활착한 다음 고사하는 부위가 나타날 때까지 기다린 다음 실시해도 늦지 않다. 만약 식재 초기에 과도한 증산으로 인한 수분 스트레스 피해가 우려된다면 주기적인 관수를 통해 충분한 수분을 공급하고, 증산억제제 살포 등으로 수분 손실을 억제하는 조치를 취하면 된다.

둘째로, 활착에도 악영향을 미친다. T/R율을 맞추기 위해 지상부를 과도하게 전정하면 이식하는 나무의 잎과 눈을 대부분 제거하게 되는데, 이는 뿌리 생장에 필요한 에너지를 생산하는 광합성(잎에서 일어남)과 뿌리 생장을 자극하는 옥신(auxin, 눈이나 어린잎에서 생산)의 생산을 감소시킴으로써 뿌리 생장의 부진을 초래하여 나무가 활착하는 데에도 좋지 못한 영향을 미치게 된다.

셋째로, 나무의 구조가 회복될 수 없을 정도로 파괴된다. 그림 27의 오른쪽에서 보는 바와 같이 T/R율을 맞추기 위해 골격지가 제거되고 줄기가 절단된 나무는 원래의 수형(그림 27의 왼쪽)을 완전히 상실한 채 식재되며, 이렇게 구조가 파괴된 나무는 생존하더라도 원래의 수형을 회복하는 것은 불가능하다. 나무를 식재하는 목적이 건강한 도시 숲을 조성하는 것이라면 이러한 관행은 하루빨리 사라져야 할 것이다.

넷째로, 부후를 초래한다. 건강한 나무도 너무 굵은 가지를 제거하면 아무는 데 어려움이 있고, 방어벽이 취약한 가지나 줄기의 마디 중간 지점을 마음대로 절단하는 두절(頭切, heading)을 실시하면 부후균의 나무 내 침투를 쉽게 허용하여 부후가 빠르게 진행되는데, 하물며 이식 스트레스로 활력이 떨어져 있는 이식목에 이러한 상처가 발생한다면 부후는 더욱 가속도로 진행될 것이다. 가지나 줄기의 내부가 부후하면 강도가 약해져 강풍에 쉽게 부러지거나 넘어지면서 인명과 재산에 큰 피해를 줄 수 있는데, 우리의 잘못된 식재관행으로 인해 주변에 이러한 나무가 계속 늘어나고 있는 것은 크게 우려할 일이 아닐 수 없다.

한편, 이렇게 이식할 때의 전정에 관해 견해가 서로 다른 것은 제작하는 근분의 크기 차이에서 그 원인을 찾을 수 있을 것이다. 우리처럼 근원경의 4~5배 정도로 근분을 작게 제작하면 직경이 굵은 성목도 이식 대상이 될 수 있고, 이런 나무는 운반을 위해 대부분의 지상부를 제거하는 과도한 전정이 불가피하게 된다. 반면, 선진국은 수형이 좋은 어린 나무를 식재한 후 지속적인 관리를 통해 튼튼하게 키우도록 권장하고 있기 때문에, 어린 나무를 수간 직경의 8~12배 크기로 근분을 제작하여 이식하면 굳이 뿌리 손실로 인한 불균형을 시정하기 위해 지상부를 제거할 필요가 없을 것이다(그림 28).

그림 28 수형이 좋은 어린 나무를 식재한 후(위) 주기적으로 관리해주면 건강하고 아름다운 도시 숲(아래)이 조성된다. (미국 뉴저지 주)

지금까지의 연구와 경험에 의하면 성목을 이식하는 것보다 어린 나무를 식재하여 계획적으로 육성하는 것이 훨씬 효율적이라는 것이 증명되고 있다. 따라서 우리의 식재관행도 수관이 훼손된 큰 나무를 이식하는 것으로부터 해당 나무의 고유 수형을 가진 어린 나무를 식재하여 건강하게 키우는 방향으로 전환해야 할 것이다.

5) 얕고 넓은 식재 구덩이 준비

식재 구덩이는 초기에 뿌리가 잘 발달할 수 있도록 넓게 준비하는 것이 좋다. 토양이 양호하면 식재 작업에 지장이 없을 정도의 넓이(근분 폭의 2배 정도)만으로도 충분하지만, 토양이 불량한 경우, 더 넓은 식재 구덩이를 준비하여 양질의 느슨한 토양으로 근분 주위를 되메워주면 뿌리의 초기 생장에 도움이 될 것이다.

반면 식재 구덩이의 깊이는 근분의 깊이를 초과하지 않도록 하고, 근분의 하단과 접촉하는 토양은 교란시키지 않는 것이 좋다. 앞서 언급한 바와 같이, 나무는 근원이 노출되도록 식재해야 하는데, 식재 구덩이를 너무 깊게 준비하면 심식될 가능성이 높고, 구덩이를 깊게 판 다음 다시 바닥을 메워서 높이를 조절하더라도 식재 후에 근분 아래 토양이 안정되면서 가라앉기 때문에 결국은 심식이 된다(그림 29).

그림 29 식재 구덩이는 넓고 얕게 준비해야 한다.

식재 구덩이를 준비할 때 유의해야 하는 또 다른 사항은 구덩이의 내부 표면이 반질거리거나 건조하지 않도록 하는 것이다. 굴착기나 나무이식기(tree spade)로 구덩이를 파는 경우, 구덩이의 수직 표면이 유리면처럼 될 수 있고, 굴착한지 오래된 구덩이의 표면은 건조하게 되는데, 뿌리는 이러한 표면을 통과해서 자라는 데 어려움을 겪게 된다. 따라서 나무를 식재하기에 앞서 구덩이의 매끈한 측면은 긁어주고, 마른 표면은 젖은 토양이 노출될 때까지 깎아내어야 한다.

6) 토양의 배수성 확인

배수불량은 건조 스트레스와 함께 새로이 식재된 나무의 주된 고사원인이다. 토양의 투수성이 불량하면 식재 구덩이 안의 토양이 장기간 수분이 포화된 상태로 유지되고, 이로 인해 뿌리는 질식하여 죽게 된다. 이렇게 배수 문제는 나무의 생사에 결정적인 영향을 미치기 때문에 반드시 해결해야 하며, 이를 위해서는 식재에 앞서 토양의 배수성을 확인하는 것이 중요하다.

토양의 배수성을 정확하게 확인하는 것은 쉽지 않은데, 나무를 식재할 때에는 다음과 같은 간단한 실험만으로도 식재지 토양의 배수성을 판단할 수 있을 것이다.

- 중력수의 배수가 완료된 식재지에 직경 10cm의 구멍을 예상 근분 깊이만큼 판다.
- 구멍의 바닥에 자갈을 얇게 깔고 물을 채운다.
- 수위가 유지될 수 있노록 1시간 동인 물을 지속적으로 보충한 다음 급수를 중단한다.
- 24시간 후에 바닥으로부터 30cm까시 물을 채운 다음 수위가 낮아지는 속도를 측정한다.
- 수위 하락속도가 시간당 1cm 미만이면 배수에 문제가 있으므로 개선 조치가 필요하다.

식재지 토양의 배수 불량이 확인되면, 해당 부지 전반에 대한 배수 개선조치를 취해야 하는데, 과도한 토양 수분을 다른 곳으로 배출하는 것이 불가능하면 식재 수종을 내습성 수종으로 제한해야 한다. 배수불량 문제를 회피하기 위해 지면보다 높게 식재하는 경우가 있는데, 이때에는 노출되는 부분이 전체 근분 깊이의 1/4~1/3 이상이 되지 않도록 하고, 근분의 상단과 원 지반은 점진적

(경사도 1:10 정도)으로 경사지게 해야 한다.

흔히 배수 불량을 개선하기 위해 식재 구덩이에 자갈을 까는 경우가 있는데, 이는 배수에 도움이 되기는커녕, 문제를 더욱 악화시킬 수 있다. 왜냐하면 관수 또는 비를 통해 스며든 물은 근분이 포화상태가 되기 전까지는 자갈층으로 흘러가지 않기 때문에, 근분의 가장자리에 있는 뿌리는 장기간 침수상태가 유지되어 질식하게 된다. 이처럼 공급된 물이 토성이 다른 토양으로 이동하지 않고 머물면서 생기는 수위를 주수위(宙水位, perched water table)라고 부른다.

7) 식재 구덩이에 나무 앉히기

식재할 나무를 식재 구덩이에 앉힐 때 몇 가지 유의할 사항이 있다. 먼저 식재하는 나무가 굴취 전 자라던 원래의 방위를 고려할 필요가 있다. 나무의 뿌리 시스템과 수관은 햇빛과 주풍에 반응하여 비대칭적으로 발달할 수 있고, 음지에 있던 수피가 햇빛에 노출되면 피소 피해가 발생할 수 있기 때문에 가능하면 원래의 방향대로 식재해 주는 것이 좋다.

다음으로 근원의 위치이다. 앞서 이식 준비과정에서 깊이 심는 것을 방지하기 위해 근원을 노출시키고 식재 구덩이를 근분과 같은 깊이 또는 다소 얕게 준비할 것을 강조한 바 있다. 이렇게 준비된 구덩이에 식재할 나무를 앉히면 근원의 높이는 최종 지면과 같거나 보다 높게 위치하게 되어 심식을 피할 수 있을 것이다.

대부분의 경우 근분의 바닥이 오목렌즈처럼 가운데가 들어간 모양을 하고 있는데, 구덩이 바닥을 볼록렌즈처럼 만든 다음 근분의 상단이 주변 지표면보다 2.5~5cm 정도 높게 위치하도록 식재하면, 나중에 근분이 가라앉으면서 발생할 수 있는 심식을 예방할 수 있다.

마지막으로 나무를 똑바로 세우는 것이다. 식재할 나무는 되메우기를 하기 전에 곧추세워야 하며, 이를 확실히 하기 위해 누군가로 하여금 여러 방향에서 둘러보도록 하는 것이 좋다. 그리고 근분의 기부를 되메우기 토양으로 채워 단단하게 다져주면 외부의 도움 없이 곧추선 상태가 유지될 수 있을 것이다.

8) 난분해성 근분 포장재 제거하기

근분을 감싸고 있는 포장재는 나무를 운반하는 동안에는 매우 유용하지만,

일단 식재 구덩이에 앉힌 다음 되메우기 토양으로 근분의 아래 부분을 완전히 고정시켜주면 근분이 움직이지 않기 때문에 불필요하다. 그러나 공사업체는 식재작업이 끝난 후에도 이들 자재가 근분을 단단하게 잡아주어 식재공사의 하자를 줄여줄 수 있다고 믿기 때문에 제거하지 않는다. 만약 포장재 제거로 인해 하자가 증가할 것이 우려된다면, 적어도 고무 바, 철사, 화학 처리된 마대 등 분해속도가 느린 자재는 최종 되메우기에 앞서 제거하는 것이 좋다.

미국의 나무 이식에 관한 국가표준(ANSI A300 Part 6)에는 '최종 되메우기에 앞서 근분의 위쪽 1/3에서 근분을 감싸고 있던 모든 자재를 제거하는 것이 좋다'라고 권고하고 있다. 이렇게 근분의 위쪽에서 분해성 자재를 포함한 모든 포장자재를 제거하도록 권장하는 것은 포장자재가 뿌리 발달에 장애가 될 수 있고(그림 30), 노출된 마대와 노끈이 심지 역할을 하여 근분을 건조시킬 수 있기 때문이다. 따라서 공사업체가 분해성 포장재를 그대로 둘 것을 고집하면 1년 후에는 근분의 상단에 있는 마대와 노끈을 반드시 제거하도록 요구하는 것이 좋다.

9) 토양 개량 최소화

일반적으로 되메우기 토양은 식재 구덩이를 준비하는 과정에서 발생한 것이

그림 30 분해에 오랜 시간이 걸리는 근분 포장자재를 제거하지 않고 식재하여 앞으로 피해가 예상된다.

기 때문에 개량할 필요가 없다. 그러나 식재지 토양이 해당 나무가 자라기에 부적합한 경우, 토양의 구조, 보수력, 배수성 등을 향상시키기 위해 토양 개량을 고려할 필요가 있는데, 이 경우 식재지 토양 전체를 개량하는 것이 좋다.

일반적으로 이러한 되메우기 토양의 개량으로부터 큰 편익을 기대할 수는 없지만 올바르게 하면 해롭지는 않을 것이다. 간단한 개량이 필요하다면 식재 구덩이를 크게 파고 이때 나온 흙에 완전히 발효된 유기물을 무게 기준으로 5%, 부피 기준으로 35% 정도 혼합하여 되메우면 된다.

이처럼 되메우기 토양의 개량을 권장하지 않는 것은 근분과 식재 부지 토양 사이에 토성이 다른 토양층을 조성하기 때문이다. 이렇게 토성이 서로 다른 토양이 존재하면, 앞서 토양의 배수성 확인에서 살펴본 바와 같이, 근분 가장자리에 주수위가 발생하여 뿌리가 근분 바깥으로 자라는 데 어려움을 겪게 된다.

10) 되메우기와 물매턱 조성하기

식재 구덩이는 천천히, 그리고 추가적으로 가라앉거나 공기 주머니가 발생하지 않도록 단단하게 메워야 한다. 이를 위해서는 덩어리지지 않은 토양을 조금씩 채워가면서 다져주어야 하는데, 이때 물을 공급해주면 공기 주머니를 제거하고 뿌리 주변의 흙을 정착시키는 데 도움이 될 것이다.

되메우기가 끝나면 근분과 되메우기 토양에 관수를 하게 되는데, 이때 관수한 물이 천천히 스며들거나 식재지가 평탄하지 않아서 흘러나갈 가능성이 있으면 물을 채울 수 있는 얕은 웅덩이가 되도록 근분 가장자리 주위에 물매턱을 만들어 주어야 한다.

11) 지주목 설치하기

우리는 나무를 식재할 때 지주목 설치를 필수적인 마무리 작업으로 인식하고 있다. 그러나 지주목은 비용이 많이 들고, 사람들이 지주에 걸려 넘어질 위험이 있으며, 어린 나무를 지주에 너무 단단하게 결속해 놓으면, 결속부위에서 부러지거나 수간이 굵어지지 않은 채 키만 자라고 뿌리가 발달하지 못하는 부작용이 발생할 수 있다.

온실에서 자라는 미국풍나무 묘목을 대상으로 수간의 흔들림이 생장에 미치는 영향을 실험한 결과, 매일 30초씩 인공적인 바람으로 부드럽게 흔들어준 묘목이 그렇지 않은 묘목보다 키는 작았지만 줄기의 초살도와 뿌리의 생장은 더 양호한 것으로 나타났다.

따라서 바람이 강한 지역, 식재된 나무가 잔디 깎는 기계나 반달리즘으로 인해 피해가 우려되는 경우 등이 아니면 지주목을 설치하지 않는 것이 좋다. 지주목 설치가 필요한 경우, 식재 나무의 아래쪽 1/2에, 넓고 탄력적인 결속 자재를 활용하여, 하나 또는 두 개의 지주로, 나무를 곧게 잡아주면 부분적인 움직임을 허용하면서도 수간의 손상을 최소화시킬 수 있다(그림 31).

지금까지 올바른 나무 이식/식재에 관해 살펴보았다. 그런데 현실에서는 이러한 방법으로 나무를 이식/식재하는 경우를 찾아보기 어려운데, 이는 구전으로 전해지고 있는 과거의 그릇된 관행이 여과 없이 관련 참고 서적에도 버젓이 수록되어 권장되고 있기 때문이다.

그림 31 국제수목관리학회(ISA)의 매뉴얼에 따라 식재된 나무(미국 뉴저지)

반면, 이 분야 선진국들은 전정, 토양관리, 지지시스템, 이식 등 나무관리 각 분야에 대해 국가표준을 제정한 다음 연구 결과에 따라 주기적으로 이를 개정하고 있으며, 이를 현장에서 적용할 때 참고할 수 있도록 매뉴얼도 발간하고 있다.

미국의 경우, 나무식재 분야에 대해서는, 앞서 언급한 바와 같이, 나무 식재와 이식에 관한 국가표준(ANSI A300(Part 6)-2012 Planting and Transplanting)이 제정되어 있고, 이 표준의 현장지침서인 나무 식재에 관한 최적관리실무(Best Management Practices, Tree Planting)가 국제수목관리학회(ISA, International Society of Arboriculture)에 의해 발간되고 있다. 그림 31은 이러한 국가표준과 매뉴얼에 의해 식재된 나무의 모습을 보여주고 있다.

이처럼 식재를 비롯한 수목관리 분야의 낙후되고 그릇된 관행을 바로잡기 위해서는 우리도 선진국의 사례를 참고하여 하루빨리 이 분야에 대한 국가표준을 제정하고 매뉴얼을 발간하여 현장에 적용토록 해야 할 것이다.

26 생존을 좌우하는 식재 후 관리

지금까지 설명한 식재 작업을 완료했다고 건강한 도시 숲을 조성하기 위해 우리가 해야 할 일이 끝난 것이 아니다. 식재된 나무가 성공적으로 정착하여 건강하게 자라기 위해서는 생장과정에 따라 지속적으로 관리해주어야 하는데, 식재에 뒤이어 수행되어야 하는 작업은 해당 나무의 활착을 돕는 사후관리이다. 우리 주변의 나무들은 앞서 언급한 바와 같이 그릇된 식재관행에 의해 피해를 입고 있을 뿐만 아니라, 식재 후 방치되거나 그릇된 관리 관행으로 인해 고사하고 상처를 입고 있어서 올바른 사후관리가 올바른 식재작업 못지않게 중요한 실정이다.

1) 사후관리 기간

식재된 나무는 스스로 생존할 수 있을 때까지 외부의 도움이 필요한데, 그 기간은 해당 나무의 생장 특성, 식재지의 기후/토양 등 생육환경, 식재 시기 등에 따라 다를 수 있다. 척박한 환경에 잘 견디는 수종이나 식재지 환경에 적합한 수종을 식재한 경우에는 그 기간을 단축할 수 있겠지만, 중동의 사막과 같이 열악한 환경에서 야자수를 키우기 위해서는 일생 동안 관수를 해주어야 한다.

미국의 수목이식관련 국가표준(ANSI A300 Part 6)에 의하면, 이식한 나무는 식재 후 최소 1년 동안은 돌보아야 한다고 규정하고 있는데, 이는 어떤 경우든 적어도 1년 동안의 사후관리는 필수적임을 의미한다. 우리처럼 계절 변화가 뚜렷하고 강우량이 여름철에 집중되어 있는 경우에는, 식재 후 2년 정도의 사후관리는 필요한 것으로 판단된다.

2) 관수

이식되는 나무는 굴취될 때 근분 토양에 있는 뿌리를 제외한 대부분의 뿌리를 상실하기 때문에 수분을 흡수할 수 있는 능력이 현저하게 떨어지게 된다. 따라서 강우에 의한 자연적인 수분공급이 여의치 못한 경우에는 인위적인 급수가 필요하며, 이를 게을리 하면 애써 심어놓은 나무가 고사하게 된다(그림 32).

관수 주기는 해당 나무의 수분 요구량, 식재지 토성, 기온, 바람의 강도 등에 따라 탄력적으로 적용해야 하는데, 식재 후 비가 오지 않으면 적어도 일주일에

그림 32 이식 후 관수를 실시하지 않아 고사하고 있는 가이즈카향나무.

한 번은 관수해주어야 하고, 보수력이 약한 사질토양이거나 기온이 높고 바람이 많이 불 때에는 관수 주기를 단축시킬 필요가 있다.

계절적으로는 늦가을에 접어들면서 기온이 떨어지면 수분 요구량이 감소하기 때문에 관수 주기를 늘려갈 수 있고, 겨울에는 이상 난동이나 가뭄 등 특수한 상황이 아니면 일반적으로 관수하지 않는다. 용기에서 자란 묘목을 식재한 경우에는, 일반적으로 용기 토양이 배수가 잘 되는 토양이기 때문에, 뿌리가 식재지 토양 속으로 자랄 때까지 노지에서 자란 나무보다 물을 더 자주 주어야 한다.

관수가 필요한 시기는 토양수분장력계(土壤水分張力計, tensiometer) 등 계측기를 활용하거나 토양의 함수량 분석 등을 통해 정확하게 결정하는 것이 최선이겠지만, 마지막 관수 이후의 강우량과 근분의 표면 토양에 대한 육안 관찰을 통해 대략적으로 결정해도 큰 문제는 없을 것이다.

관수할 때 유의할 사항은 관수한 물이 근분에 충분한 수분을 공급할 수 있도록 실시되어야 한다는 것이다. 일반적으로 물매턱은 식재 구덩이 외곽을 기준으로 조성되고 이 주변에 주로 관수를 실시하는데, 이렇게 하면 근분에 충분한 물이 흡수되지 않을 수 있다. 그런데 식재된 나무는 뿌리가 근분 바깥으로 자라기 전까지는 근분 토양으로부터 수분을 흡수하기 때문에 근분이 더 빨리 건조해지기 쉽다.

따라서 관수는 근분에 집중되어야 하며, 근분에서 멀리 떨어진 곳에 대한 잦은 관수는 이식 수목의 건조 스트레스를 해소시키는 데 도움이 되지 않을 수도 있다. 아울러 수분 부족으로 인한 건조 피해와 마찬가지로 과도한 관수 또한 침수 피해를 초래하기 때문에 주의해야 하며, 근분 가까이에 관수할 때 수간이 젖지 않도록 조심해야 한다.

3) 증산억제제 살포

여름철 이식 성공률을 높이거나, 가을에 식재된 침엽수가 첫해 겨울 동안 건조 피해를 입는 것을 예방하기 위해 잎에 증산억제제를 뿌릴 수도 있다. 이렇게 하면 잎의 표면에 얇은 보호막이 형성되어 5~6주 동안 수분 손실이 억제되기 때문에 이식 수목의 수분 스트레스를 줄일 수 있고, 적절한 관수를 동반하면 활착에 도움을 줄 수 있을 것이다.

4) 지주목 관리

앞서 언급한 바와 같이 지주목은 필요한 경우가 아니면 설치하지 않는 것이 좋은데, 만약 필요하여 설치한다면, 결속상태가 유지되도록 주기적으로 점검하고 더 이상 지주목의 도움이 필요하지 않으면 이를 제거해 주어야 한다. 미국의 경우, 설치된 지주는 식재 후 첫 생육기가 지나면 제거하도록 권장하고 있다. 그런데 우리는 지주목 설치를 식재작업의 필수적인 과정으로 생각하여 예외 없이 설치하고 있으며, 일단 설치된 지주목은 망각된 상태에서 방치되고 있다.

이렇게 식재 시에 설치한 지주를 장기간 방치하면 이식목의 뿌리 발달에 지장을 줄 뿐만 아니라 또 다른 다양한 문제를 야기한다. 먼저, 느슨하게 결속된 지주는 나무가 바람에 흔들릴 때 쉽게 이완되어 허물어지기 때문에, 나무를 지지해야 하는 지주가 도리어 나무에 매달려서 부담이 될 수 있다(그림 33). 반면, 지주를 너무 견고하게 설치한 후 방치하면 결속부위의 수간을 옥죄게 되는데, 이로 인해 이 부위가 가늘어질 뿐만 아니라 상처가 발생하여 부후가 시작되기 때문에 약해져 강풍이 불면 부러지기 쉽다(그림 34).

그림 33 느슨하게 설치된 지주목이 허물어져 나무에 매달려 있는 모습.

그림 34 너무 견고하게 설치되어 수간을 옥죄고 있는 지주목.

이처럼 지주목은 장점 못지않게 단점도 많기 때문에 설치할 때의 기대했던 역할이 끝나면 제거해주어야 한다. 따라서 지주목 설치에 많은 비용을 투입하거나 내구성이 좋은 자재를 사용할 필요가 없다. 그럼에도 불구하고 아직도 나무를 지지하거나 수간을 보호하기 위해 철제 등 반영구적인 재질의 자재를 활용하여 나무에 피해를 주고 있는 경우를 흔히 발견할 수 있다(그림 35).

5) 멀칭(mulching)

멀칭은 나무 주변의 토양 표면에 유기물이나 무기물을 일정한 두께로 덮어주는 작업으로서, 매우 간단하면서도 올바르게 수행하면 나무에 매우 도움이 되는 작업관행이다. 멀칭 재료로는 주로 목재나 수피 조각, 낙엽, 볏짚, 완숙 퇴비 등의 유기물이 사용되고 있으며, 지역적인 특성이나 목적에 따라 검정비닐, 부직포 등 난분해성 자재나 쇄석, 자갈, 모래 등의 무기재료가 사용되기도 한다.

이러한 멀칭은 토양의 수분을 유지시키고, 토양 기온의 극단적인 변화를 완화시켜주며, 잔디나 잡초와의 경쟁을 줄이고, 토양을 침식/답압으로부터 보호하고, 멀칭재료가 유기물인 경우 토양의 비옥도를 증진시키는 등 다양한 편익을 제공한다.

그림 35 반영구적인 재질의 지주/보호책 설치로 수간에 피해가 발생하고 있는 회화나무.

멀칭은 식재 수목의 외곽에 이르기까지 넓게 해줄수록 좋은데, 이때 유기물 멀칭자재를 수간을 중심으로 산처럼 쌓아서는 안 된다(그림 36, 오른쪽). 이렇게 수간이 묻히도록 멀칭을 하면 산소 부족 또는 분해되면서 발생하는 과도한 열 때문에 묻힌 수간의 사부와 형성층이 고사할 수 있고, 수피의 수분이 높아 부후를 유발하는 병원체에 감염되거나 멀칭자재 더미에 은신하는 설치류가 수피를 갉아먹는 피해를 입을 수 있다.

따라서 수간의 기부로부터 약 2.5~5cm 정도는 노출시켜주는 것이 좋다(그림 36, 왼쪽). 부설하는 두께는 재료에 따라 차이가 있겠지만 일반적으로 5~10cm 정도가 적당하며, 너무 두꺼우면 복토피해가 우려되고, 너무 얇으면 멀칭의 효과를 기대할 수 없을 것이다.

한편, 멀칭은 지표면의 수분증발을 감소시켜 토양 수분을 유지시켜주는 효과도 있지만, 멀칭 층이 가벼운 강우나 관수를 흡수하여 수분공급을 차단하기 때문에, 초기 몇 개월 동안 잦은 관수가 필요한 갓 식재된 나무에 대한 멀칭은 새로운 뿌리가 근분 밖으로 충분히 자라 나와서 인위적인 관수가 불필요할 때까지 미루는 것이 좋을 것이다.

그림 36 근원주위가 노출된 올바른 멀칭(왼쪽)과 수간을 중심으로 자재를 산처럼 쌓은 그릇된 멀칭(오른쪽).

6) 수간 보호조치

이식된 나무는 수분흡수 능력이 떨어져 있기 때문에 수피가 얇고, 매끈한 나무는 맑은 날 오후의 강한 햇볕에 노출되면 수피가 타는 피소(皮燒, sunscald) 피해를 입을 수 있다. 특히 우리나라처럼 이식할 때 근분을 작게 제작하여 대부분의 뿌리를 잘라내고 T/R율을 맞춘다고 강전정을 하여 수관의 대부분을 제거하면 그 가능성은 더욱 높아진다. 이러한 수피 손상을 방지하기 위해서는 탄력성이 높고 햇빛을 반사하는 밝은색의 재료로 수간을 감싸줄 필요가 있다.

어린 나무를 식재한 경우에도 토끼나 쥐 등 설치류나 잔디깎는 기계와 같은 작업 장비로부터의 피해를 예방하기 위해 단단한 재질의 자재로 감싸주거나(그림 37) 차단막을 설치할 필요가 있다. 이러한 자재는 나무가 자라서 수간을 압박하기 전에 제거해 주어야 한다.

7) 병해충 예방

이식된 나무는 활력이 떨어져 있기 때문에 각종 병해충의 공격에 취약한데, 이때 피해를 주는 가장 흔한 병해충이 나무좀과 곰팡이성 궤양병이다. 이러한 피해를 예방하기 위해 이식된 나무의 수간을 감싸주는데, 우리나라에서 가장 흔히 하는 조치는 나무좀의 침투를 예방하기 위해 소나무의 수간을 감싸주는 것이다(그림 38).

그림 37 작업장비와 햇빛으로부터 수간을 보호하기 위해 설치한 수목보호관.

그림 38 소나무좀의 침투를 예방하기 위해 마대로 수간을 감아놓은 모습

그런데 미국에서는 이러한 조치가 나무좀 피해를 예방하는 효과는 없고, 도리어 어떤 경우에는 감싼 부위 안쪽의 습도가 높아 곰팡이성 궤양병 발생을 조장하는 경우가 있다는 연구보고가 있으므로 그 효과를 검정해볼 필요가 있을 것이다.

지금까지 언급한 것처럼 이식 후에 권장되거나 필요한 후속 작업도 있지만, 이식 수목의 성공적인 정착을 위해서는 다음과 같이 삼가야 하는 작업도 있다.

8) 수간 주사

식재 작업이 완료된 대경 수목을 살펴보면 예외 없이 수간의 기부에 약제주입용 통이나 주사기가 꽂혀 있는 것을 볼 수 있다. 이는 주로 이식으로 인해 약해진 나무가 활력을 회복하는 데 도움이 되는 영양분을 공급하기 위해 실시하고 있다. 그런데 수간주사는 잎의 증산작용에 의해 수액이 상승하는 원리를 활용한 것으로서, 수간의 기부에 고농도의 약제를 주입하면 이 약제가 수액과 함께 상승하여 지상부 전반으로 확산되기 때문에 우리가 원하는 목적을 효과적으로 달성할 수 있게 된다.

그러나 문제는 앞서 언급한 바와 같이 이식 수목은 대부분의 뿌리를 상실한 상태이기 때문에 수분 흡수 능력이 크게 약화되어 있고, 특히 우리나라처럼 이식 전에 강전정을 실시하면 잎마저 대부분 제거되기 때문에 물을 끌어올리는 증산작용 또한 크게 저하될 수밖에 없다. 따라서 이러한 나무에 주입된 약제는 지상부 각 부위로 확산되지 못하고 주입된 부위 주변에 머물러 있게 되고, 이렇게 정체된 고농도의 약제는 나무에 약해를 입힐 수 있다(그림 39).

더 큰 문제는 이러한 원리를 무시하고 잎이 없는 휴면기에 식재하는 나무에도 수간주사를 실시하고, 한번 적용된 수간주사를 해당 수목이 고사한 이후에도 그대로 방치하는 경우가 많다는 것이다(그림 40).

9) 시비

어떤 연구에 의하면 식재 후 3년 동안은 질소비료 적용이 뿌리 생장에 효과가 없는 것으로 나타났으며, 이식할 때 적용된 비료는 적어도 첫 생육기 동안은 나무가 이용하지 못한다는 것이 통설로 받아들여지고 있다. 새로이 식재한 나무는 건조 스트레스가 다른 요인보다 더 큰 생장 제약 요인이기 때문에, 새로운 뿌리가 발달하여 더 많은 물을 흡수할 수 있을 때까지 비료 적용을 삼가는

그림 39 식재와 동시에 적용한 수간 주사액이 흡수되지 못하여 약해가 발생한 느티나무.

그림 40 식재할 때 적용된 주간주사가 해당 나무가 고사한 이후에도 그대로 방치되어 있다.

것이 좋다.

다만 식재지 토양의 질소 함량이 과도하게 낮거나 양분 보유력이 약한 사질 토양인 경우에는 식재 구덩이 바닥에 지효성 비료를 놓고 흙을 10cm 정도 덮은 다음 식재하면 도움이 된다. 식재된 나무가 적용된 비료를 활용할 수 있는 시기는 해당 수목의 생장단계와 식재지 환경에 따라 차이가 있는데, 어린 나무를 식재한 경우와 지속적으로 충분한 수분이 공급되거나 연중 토양 온도가 따뜻한 경우에는 시비시기를 앞당길 수 있을 것이다.

10) 전정

농장의 재배과정에서 올바르게 전정되었다면 이식할 때에는 부러진 가지를 제거하는 것 외에 추가적인 전정은 필요하지 않을 것이다. 이식된 나무는 부후에 대한 방어시스템이 약화되어 있기 때문에 굵은 가지나 동일세력 줄기를 제거할 필요가 있는 경우에는 우선 축소 전정으로 이들의 상대적인 굵기가 줄어들고 나무가 성공적으로 활착할 때까지 기다리는 것이 좋다.

27 야자수 식재 및 사후관리

주로 열대와 아열대지방에서 자라는 야자수는 온대지방에서 이국적인 경관을 연출하기 위해 가끔 식재되고 있는데, 우리나라에서는 1960년대 말부터 제주도에 식재하기 시작한 것으로 알려져 있다. 처음에는 일본 큐슈가 원산인 종려나무가 대부분이었나, 이후 워싱턴야자(*Washingtonia* sp.), 카나리아야자(*Phoenix canariensis*), 부티아야자(*Butia capitata*) 등 상대적으로 내한성이 강한 수종으로 다양화되고 있다.

제주도에 국한되었던 식재 지역도 점차 남해안으로 확대되었고, 최근에는 서해안은 충남 안면도까지, 동해안은 강원도 강릉까지 확대되고 있어서, 조경수로서의 관심이 점차 증가하고 있다.

그런데 야자수는 단자엽식물로서 쌍자엽식물인 일반적인 목본식물과는 다른 생장 특성을 보이고 있기 때문에 올바른 관리를 위해서는 이에 대한 깊이 있는 이해가 필요하다. 이에 따라 야자수에 대한 식재 및 관리요령을 간략하게 소개하고자 한다.

1) 야자수의 생장특성

일반적으로 야자수는 대부분 열대와 아열대지방에 분포하고 있으며, 200여 속 2,600여 종이 확인되고 있다. 야자수는 줄기의 꼭대기에 있는 생장점에서 세포가 증식하면서 수고생장이 이루어지고, 이때 만들어진 여러 개의 관다발이 줄기를 형성하며, 수간에는 형성층이 없기 때문에 일단 목질화되면 더 이상 직경이 굵어지지 않는다.

잎은 줄기 꼭대기에 모여 나며, 수고가 생장함에 따라 오래된 잎은 떨어지게 된다. 꽃이 피는 시기는 발아 후 3년에서 10년 정도로 수종에 따라 차이가 크며, 수명은 700년 이상 생존하는 종도 있으나 일반적으로 50~100년 정도 된다. 뿌리도 줄기와 마찬가지로 직경이 굵어지지 않으며, 오래된 뿌리는 수간의 기부에 있는 발근구역(發根區域, root initiation zone)에서 새로이 발생하는 부정근(不定根, adventitious root)에 의해 대체된다(그림 41).

야자수는 뿌리가 활용할 수 있는 영양소, 특히 칼륨의 양만큼 녹색 잎을 유지하기 때문에, 칼륨이 부족하면 녹색의 잎이 감소하고 기존 잎이 조기 노화되는 현상이 발생하는 특징이 있다. 따라서 야자수용 비료는 다른 용도보다 칼륨의 함량이 높은 것이 특징이다.

그림 41 수간의 기부에 위치한 발근구역에서 뿌리가 발생하고 있는 모습.

2) 이식 사전 준비

식재될 야자수는 건강하고 활력이 좋아야 하며, 수간에 모래시계의 허리처럼 가는 부위가 있거나 정단(頂端, terminal) 아래가 연필 촉처럼 가는 것은 식재하지 않는 것이 좋다. 이러한 야자수는 과거에 물이나 양료 부족으로 인한 심각한 스트레스로 생육이 부진한 적이 있었음을 나타내며, 앞으로의 생장을 제약하고 약한 부위가 부러지는 피해가 발생할 수 있다.

야자수는 보통 배수가 잘되는 사질토양에서 자라고 있기 때문에 굴취 전에 관수를 하여 토양 수분을 높여주면 근분을 제작하는 데 도움이 된다. 그리고 야자수가 고사하는 결정적인 요인은 배수불량에 의한 과습이므로, 식재지 토양은 적절한 수분이 공급되면서 배수가 잘되어야 하며, 배수가 불량하면 둔덕(berm)을 조성하거나 배수관을 설치해야 한다.

3) 뿌리의 생육특성을 고려한 이식 작업

대부분의 야자수는 이식과정에서 뿌리가 절단되면, 절단된 부위에서 뿌리가 재생되지만, 일부 야자수는 뿌리에 상처가 발생하면 해당 뿌리 전체가 고사하고 발근구역에서 새로운 뿌리가 발생하여 이를 대체한다. 따라서 근분을 제작하고, 잎의 수를 줄이는 이식 과정뿐만 아니라 이식 후 사후관리를 할 때에도 해당 수종의 뿌리생육 특성을 고려하여야 한다.

워싱턴야자, 코코넛야자(*Cocos nucifera*), 대왕야자(*Roystonea* sp.) 등과 같이 뿌리를 재생시키는 야자수는, 수고 5m 미만을 기준으로 수간으로부터 반경 20cm 크기의 근분을 제작하고, 크기에 따라 키워나가면 된다. 그리고 식재 후 주기적으로 관수를 해준다면 잎을 제거하지 않아도 되는데, 만약 어느 정도 자란 야자수를 무덥고 건조한 한여름에 이식하는 경우에는 일부 잎을 제거하는 것이 생존에 도움이 될 수 있다. 이런 유형의 야자수는 이식하기 6~8주 전에 단근을 해주면 새로운 뿌리 발생을 자극시켜 이식 쇼크를 감소시키고, 생존율을 높일 수 있다.

반면, 제주도에서도 식재되고 있는 캐비지야자(*Sabal palmetto*)의 경우, 굴취 중에 절단된 모든 뿌리는 수간의 발생지점에 이르기까지 전부 고사하므로, 약 8개월간 뿌리가 없는 상태가 지속된다. 따라서 굴취할 때 잎을 모두 제거하거나, 미리 용기에 이식하여 새로운 뿌리를 발생시킨 다음 식재하면 잎을 제거하지 않고도 이식 성공률을 높일 수 있다.

4) 근분 취급 및 운송

근분은 다른 나무들과 마찬가지로 습도를 유지하여 마르지 않도록 해야 한다. 잎은 보통 생장점 둘레로 모은 다음 묶어주는데 이렇게 하면 정아를 보호하고 증산을 줄일 수 있기 때문에 새로운 뿌리가 형성될 때까지 적어도 8개월 동안 이 상태를 유지할 필요가 있으므로, 묶을 때 생분해성 자재를 사용하는 것이 좋다.

5) 식재

야자수 식재는 다른 교목 식재와 다르지 않다. 식재 깊이는 원래 자라던 수준 또는 수간에서 발근구역을 확인할 수 있으면, 이 구역의 상단까지 흙은 덮어주는 것이 좋다(그림 41). 전문가들은 야자수 식재 실패의 두 가지 주된 요인으로 심식과 배수불량을 들고 있다. 배수가 불량한 부지에서 깊게 심으면 치명적이며, 배수문제가 없어도 너무 깊게 심으면 망간이나 철분 결핍현상이 발생할 수 있다. 반면, 너무 얕게 심어도 뿌리 내림이 불량하여 지표 높이에서 쉽게 부러질 수 있으므로 주의해야 한다.

되메우기는 구덩이에서 나온 흙을 개량하지 않고 사용하는 것이 좋으며, 사질토나 사양토로 되메우면 지주목 설치 필요성을 줄일 수 있을 것이다. 뿌리 주변을 단단하게 되메우는 작업이 끝나면 근분 주위에 물을 흠뻑 주어야 한다.

야자수는 일반적으로 모래성분이 많고 바람이 강한 해변 지역에 식재하기 때문에 초기 8개월 또는 새로운 뿌리가 형성될 때까지는 지주목으로 지지해 줄 것을 권고하고 있다. 이때 명심할 것은 야자수에 생긴 상처는 치유되지 않기 때문에 못이나 나사못을 사용해서는 안 된다는 것이다.

6) 식재 후 관리

식재된 야자수에 대해 가장 중요한 사후관리 작업은 관수이다. 배수에 문제가 없는 토양인 경우 첫 생육기에는 일주일에 1~2회 정도, 이후에는 날씨에 따라 매월 한 번씩은 관수해 주는 것이 좋다. 하와이에서는 초기 6개월 동안 적어도 격일로 관수를 해 준다고 한다.

식재 후 첫 생육기 동안 덥고, 건조하고, 바람이 강한 경우에는, 수간이 수분을 흡수할 수 있도록 잎과 수간에 분무를 해줄 수 있는데, 일부 종에서는 푸른곰팡이균에 의한 줄기썩음병(Gliocladium Pink rot)의 발생이 증가하였다는 보고가 있으므로 유의해야 한다.

이식 후에 여러 가지 미량원소를 엽면에 살포해주면 흔히 발생하는 미량원소 결핍을 사전에 효과적으로 방지할 수 있기 때문에 권장되며, 이때 전착제와 함께 요소(尿素, urea)를 첨가하면 살포 효과를 높이고 질소도 공급할 수 있다.

식재 후 어느 정도 시간이 지나면 발근구역에서 새로운 뿌리가 나오는데, 이들이 손상되면 야자수의 수세가 크게 약화될 수 있기 때문에 야자수 주변에서는 끈이 달린 예초기(刈草機, trimmer)나 큰 낫의 사용을 삼가는 것이 좋다.

그런데 제주도외 국내 다른 지역에 식재된 야자수는 전반적으로 생육이 부진한 편이며 겨울에는 동해를 입지 않도록 보호해 주어야하기 때문에(그림 42), 이들 지역은 야자수가 생육하기에 적합한 환경이라고 할 수 없을 것이다. 많은 돈을 들여 식재한 다음 지속적으로 높은 관리비용을 지출함에도 불구하고 본래의 건강하고 아름다운 모습을 감상할 수 없는 야자수를 식재하는 것보다, 보다 쉽게 구할 수 있고 적은 관리비용으로 많은 편익을 누릴 수 있는 현지 적응이 검정된 수종을 식재하는 것이 현명한 선택이 아닐까?

그림 42 겨울철에 동해를 입지 않도록 보호되고 있는 부산(왼쪽)과 강릉(오른쪽)에 식재된 야자수.

토양의 양분과 수분 관리 6

28 토양 개량의 중요성과 한계

나무의 생장은 식재지 기후와 토양 환경에 대한 적응성, 식재 당시의 품질, 식재와 사후관리의 적정성 등에 달려 있다. 식재할 부지는 사전에 결정되기 때문에 이를 고려한 수종선정과 식재 및 사후관리가 중요하지만, 식재할 부지의 토양 환경이 원하는 수준에 미치지 못할 경우에는 이를 교정할 수도 있다.

토양은 나무가 넘어지지 않도록 고정시켜줄 뿐만 아니라 나무가 살아가는데 필요한 수분과 영양분을 제공하는 매개체이기 때문에 나무가 생장하는데 필수적인 요소이다. 한편, 토양은 형성과정에 따라 지역적으로 물리적/화학적 성질이 다르며, 특히 도시 토양은 다양한 건설공사로 인한 인위적인 교란으로 나무가 생장하는데 불리한 경우가 대부분이므로 이를 수목생장에 적합하도록 개량해줄 필요가 있다.

그런데 문제는 토양의 성질을 원하는 수준으로 변경하는 데는 여러 가지 현실적인 한계가 있다는 것이다. 우선 토양은 균질성이 낮기 때문에 식재 부지의 토양 성질을 정확하게 확인하는 데 어려움이 많으며, 토양의 내부를 육안으로 관찰할 수 없기 때문에 문제의 원인을 파악하는 것도 쉽지 않다. 이러한 한계를 가진 진단을 기준으로 내리는 처방 또한 개략적일 수밖에 없을 것이다.

또 다른 문제는 이러한 처방을 적용하는 데에도 한계가 있다는 것이다. 예를 들면, 토성(土性, soil texture)을 개량하기 위해서는 토양을 제거하거나 교체해야 하는데, 이는 막대한 비용이 소요될 뿐만 아니라, 그 시기도 식재 전에는 어느 정도 가능하지만 식재 후에는 불가능하다. 배수성을 개선하는 작업은 식재 후에도 가능하지만 엄청난 돈이 들어가며, 화학적인 문제를 개선하기 위해서는 물리적인 문제 해결이 선행되어야 하는 경우도 있다.

따라서 원하는 수종을 식재하기 위해 토양을 개량하는 것보다 식재지 토양에 적합한 수종을 선정하여 식재하는 것이 더 현명한 접근일 것이다.

1) 물리적 성질 개량

토양의 물리적 성질은 토성, 토양 구조, 토심 등을 포함하며, 이는 토양의 수분과 양분보유 능력, 통기성, 배수성, 뿌리 침투의 용이성 등을 결정한다. 도시 토양에서 문제가 되는 물리적 성질은 주로 점토나 모래 함량의 과소 또는 과다, 답압, 불투수층으로 인한 배수불량 등이다. 이러한 문제를 해결하기 위해 사용하는 토양개량제로는 퇴비를 비롯하여 목재 칩, 낙엽 등의 유기물과 모래, 쇄석 등의 무기물이 있다.

물리적 성질을 개량하기 위한 개량제로 모래를 사용하는 경우가 많은데, 모래를 부피기준으로 45% 미만 혼합하면 미세한 입자가 모래 입자 사이의 공간을 메워서 도리어 토양의 공극률이 감소되는 문제가 있으므로 주의해야 한다. 퇴비를 포함한 유기물은, 모래와 같은 무기물과 달리, 시간이 지나면서 분해되기 때문에 토성에 대한 효과는 일시적이지만, 토양 입자를 입단화시켜 구조를 개선하고 투수율과 양/수분 보유력을 크게 개선시킨다.

도시 토양에서 흔히 발생하는 답압문제는 멀칭으로 예방하거나 경운, 압축공기 주입 등을 통한 토양교란으로 완화시킬 수 있는데, 이러한 방법은 수분이 높은 토양에는 적용하기 어렵다.

수목생장에 가장 치명적인 피해는 배수불량으로 인한 침수 때문에 발생하는 경우가 많은데, 이러한 문제는 저지대에서 많이 발생하지만, 지하에 물의 하향이동을 막고 있는 불투수층이 원인인 경우도 있다. 이러한 불투수층이 존재하면 뿌리 침투가 어려워 생장이 불량할 뿐만 아니라 강풍에 쉽게 쓰러지는 피해가 발생할 수 있기 때문에(그림 43) 불투수층을 관통하는 구멍을 뚫고 표토와 비슷한 토양이나 좀 더 거친 토양으로 채운 다음 식재하는 것이 좋다.

그림 43 지표면 가까이에 존재하는 불투수층으로 인해 뿌리가 표토에 한정되어 있다.

2) 화학적 성질 개량

수목관리자들의 관리대상이 되는 토양의 화학적 성질은 주로 pH와 염도인데, 이를 개량하기 위해서는 해당 토양에 대한 정확한 분석이 필요하다. 일반적으로 토양이 강산성이면 석회를, 강알칼리성이면 황을 혼합하여 pH를 조절하고 있는데, 효과를 높이기 위해서는 이를 지하 5~10cm 깊이로 섞어주어야 한다.

토양에는 관수하는 물이나 지하수에 녹아 있는 염, 겨울철에 살포하는 해빙염 등으로 인해 염이 축적될 수 있다. 따라서 토양 염분 문제는 처음부터 염도가 낮은 물로 관수하고, 배수시설을 설치하여 지하수위를 낮추고, 멀칭으로 수분의 증발을 억제하며, 해빙염을 포함하고 있는 염수는 하수구로 흘러갈 수 있도록 도로를 설계하는 등의 방법으로 예방할 수 있을 것이다.

토양에 염분이 과다하게 축적되면 내염성이 약한 수종들은 잎의 가장자리가 타들어가는 피해를 입게 되는데(그림 44), 이러한 문제가 발생하면 염도가 낮은 물을 충분히 관수해주거나, 석고($CaSO_4$)를 토양에 혼합하여 황산염(SO_4)이 나트륨

그림 44 겨울철에 살포한 해빙염으로 인해 노로변에 식재되어 있는 메타세쿼이아가 고사하고 있다.

(Na)과 결합하여 가용성인 황산나트륨($NaSO_4$)을 형성하도록 하여 염을 뿌리층 아래로 용탈시켜주어야 한다.

3) 유기물의 역할과 공급

유기물은 토양의 용적비중은 낮추면서 공극률은 높여주고, 콜로이드 상태에서 영양분(양이온치환능력)과 수분 보유력을 증대시키고, pH 변화에 대한 완충역할을 하며, 토양 미생물에게 에너지를 공급하여 이들의 활동을 지원하는 등 토양의 물리적, 화학적, 생물적 성질을 개선함으로써 나무의 생장에 크게 기여한다.

이렇게 다양한 편익을 제공하는 유기물은 1900년대 중반부터 화학비료 사용이 가능해지면서 사람들로부터 버림받았다가 최근 토양의 질과 건강에 관한 관심이 높아지면서 또다시 관심을 모으고 있다. 아쉬운 점은, 토양을 개량하기 위해 어떤 유형의 유기물이 적합한지, 적절한 필요량은 얼마인지, 분해되는 유기물을 언제 어떻게 보충해 주어야 하는지 등 유기물에 대한 기초연구가 부족하다는 것이다.

유기물을 이용하여 토양을 개량할 때에는 토양 여건과 기후를 고려하여 유기물이 과도하게 공급되지 않도록 주의해야 한다. 토양 미생물에게 먹이를 제공하고 토양구조를 유지하면서도 토양 침하문제가 발생하지 않는 적정량의 유기물은 일반적으로 무게 기준으로 5%이며, 부피기준으로는 약 35% 정도 된다.

그런데 활용 가능한 유기물이 다양하기 때문에 해당 부지에 적합한 유기물을 선정하는 것은 쉬운 일이 아니다. 일반적으로 토양 속에 혼합하거나 멀칭용으로 사용하는 유기물은 분해속도, 탄질비(C/N Ratio), 습도, 유기물 함량, 입자의 크기, 용적 비중, 수분 보유능력, 양분 함량, pH, 염 함량 등을 고려하여 선정하게 된다.

용도별로 적합한 유기물의 주된 특성은, 멀칭 재료로는 느린 분해속도, 질소결핍 현상이 우려되는 토양에는 완숙 퇴비와 같이 낮은 탄질비, 수분이 높은 토양에는 낮은 수분함량, 토양 혼합용으로는 0.5~1cm 정도의 작은 입자 등이 될 것이다.

한편 도시 토양은 앞서 언급한 바와 같이 유기물이 없고 고도로 교란되어 있으며, 이후에도 지속적으로 낙엽과 나무의 잔해가 인위적으로 제거되기 때문에 (그림 45) 유기물의 자연적인 공급도 차단된 상태이다. 따라서 도시 토양은 식재 전에 토양 전반에 대한 회전 경운으로 유기물을 혼합해주고, 식재 후에는 노

그림 45 도시녹지에서는 낙엽이 지속적으로 제거되기 때문에 도시 토양에 대한 자연적인 유기물 공급이 차단된 상태이다.

출된 지표면을 유기물로 멀칭한 다음 분해속도에 따라 이를 지속적으로 보충해줄 필요가 있다.

29 시비는 필요한 경우에만

식재지 토양이 수목 생장에 부적합하다고 판단되는 경우 식재를 전후하여 토양의 물리적, 화학적 성질을 개량할 수 있는데, 이러한 토양개량 조치에도 불구하고 식재된 나무의 생장이 만족스럽지 못할 경우에는 부족한 영양소를 인위적으로 공급해줄 필요가 있다.

그런데 시비요령은 토양의 유형과 나무의 종류만큼이나 다양하여 이를 자세히 다루는 것은 쉽지 않으므로, 여기서는 이 분야에 보편적으로 적용할 수 있도록 연구결과를 종합/정리한 미국의 '토양관리표준' 중에서 시비에 관한 내용(ANSI A300(Part 2)-2011 Soil Management b. Fertilization)과, 국제수목관리학회(ISA, International Arboricultural Society)의 '수목 시비에 관한 최적관리실무(Best Management Practice – Tree and Shrub Fertilization)'를 소개하기로 한다.

1) 시비는 왜 하는가 ?

앞서 언급한 바와 같이 도시 토양은 공사과정에서 표토가 제거되고, 낙엽 공급이 차단되어 영양분 순환이 붕괴된 상태이기 때문에 도시수목은 영양 부족으로 인한 피해를 입을 가능성이 높다. 따라서 이러한 문제를 예방하거나 해결하고 나무의 활력을 증대시켜 원하는 생장/개화/결실 등을 달성하기 위해서는 시비를 통한 인위적인 영양소 공급이 필요하다.

나무의 생장 단계별로는 성목은 활력을 유지하기 위해, 준성숙목은 적절한 생장과 활력 유지를 위해, 어린 나무는 빠른 생장을 위해 비료를 적용하게 된다. 그러나 나무는 주어진 환경에 적응하면서 생장하기 때문에 현저한 생육장애가 나타나지 않으면 비료를 적용하지 않아도 될 것이다. 도시수목에 대한 불필요한 비료 적용은 시비 비용뿐만 아니라 웃자란 가지를 전정하는 비용까지 유발시켜 예산 낭비를 가중시키게 된다.

2) 시비 의사결정을 위한 기초조사

시비 여부를 결정하기 위해서는 기초자료를 확보해야 하는데, 이를 위해서는 실험실에서 토양과 잎을 분석할 필요가 있다. 잎을 분석하면 잎의 영양소 수준을 확인할 수 있고, 토양을 분석하면 토양의 영양소 수준과 염 함량, 산도와 알칼리도 등을 확인할 수 있다. 이러한 분석을 통해 확보한 자료는 공급할 영양소의 종류와 양, 비료의 유형, 시비에 앞서 실시해야 하는 사전 조치 등을 결정하는 데 기초자료가 된다.

그러나 이러한 분석에는 시간과 비용이 소요되고, 분석결과에 기초한 맞춤형 비료를 확보하는 것이 현실적으로 어렵기 때문에 이를 통해 확보한 자료를 활용하는 데는 한계가 있을 수밖에 없다.

3) 시비 시기

시비의 적기는 뿌리가 비료를 흡수할 수 있는 시기와 일치한다. 낙엽수의 경우, 뿌리의 활동은 눈이 트기 전에 시작하여 낙엽이 진 후에 종료되기 때문에 봄에 눈이 틀 때부터 가을에 단풍이 들 때까지가 시비하기에 적합한 시기이다. 속효성 비료는 물에 녹은 후 뿌리에 흡수되기 때문에 비가 오거나 관수하기 직전이 적기이며, 휴면기나 가뭄이 지속되는 동안에는 적용된 비료가 증발되거나 흩어지기 때문에 피하는 것이 좋다. 반면, 완효성 비료는 시기에 크게 제약을 받지 않고 적용할 수 있다.

영양소는 나무뿐만 아니라 병해충의 생장도 촉진하여 나무의 병해충에 대한 저항력을 떨어뜨릴 수 있기 때문에 특정한 병해충으로 인한 피해가 우려될 경우에는 시비를 삼가야 한다. 또한 나무 안에 남아 있는 제초제의 잔효성(殘效性, residual activity)으로 인해 피해가 발생하고 있는 경우에도 시비를 자제하는 것이 좋다.

4) 비료 선택

식물은 생장에 필요한 필수영양소 중에서 탄소(C)와 수소(H), 산소(O)는 공기와 물로부터, 질소(N)는 토양에 공급되는 유기물을 통해, 이들을 제외한 기타 영양소들은 토양 광물로부터 각각 확보한다. 일반적으로, 공기와 토양에 존재하는 영양소는, 토양의 극단적인 pH로 인한 불용성 문제를 제외하면, 나무가 자라는 데 제약요인으로 작용하는 경우는 흔치 않다.

다시 말하면 결핍으로 인해 문제가 되는 영양소는 주로 자연 상태에서 유기물에 의해 공급되는 질소이다. 따라서 시중에 판매되고 있는 비료도 대부분 이를 보충하는 데 초점을 두고 있으며, 완전비료라고 부르는 복합비료에도 총 질소(total nitrogen)가 유효 인산(available phosphate, P_2O_5)이나 수용성 칼륨(soluble potash, K_2O)보다 많이 함유되어 있다. 일반적으로 토양이나 잎 분석 없이도 큰 문제없이 사용할 수 있는 비료는 N:P:K 비율이 3:1:1이나 3:1:2인 범용적인 비료이며, 야자수는 칼륨 비중이 높은 3:1:3의 비료가 좋다.

나무에 대해서는 영양소의 용탈, 염이나 비료가 토양 용액의 삼투압을 높임으로써 뿌리로부터 수분을 탈취하여 발생하는 뿌리 화상 피해 등을 줄일 수 있도록 질소가 천천히 방출되는 완효성 비료의 적용이 권장된다. 완효성 비료란 물에 잘 녹지 않는 불수용성질소(WIN, water-insoluble nitrogen)가 총 질소 함량의 50% 이상을 차지하는 비료를 말하며, 우리나라에서는 WIN 함량표시가 없기 때문에 제조회사에 문의해야 한다.

토양 pH도 시비에 영향을 미치는데, 앞서 언급한 바와 같이 토양의 산성이나 알칼리성이 너무 강할 때에는 시비에 앞서 pH를 적정 수준으로 교정해야 하며, 약산성(pH<5.0) 토양이면 암모니아성 질소비료를 삼가고 약알칼리성(pH>7.2) 토양이면 산성화시키는 비료를 적용하는 것이 좋다.

5) 시비량 계산

적용하는 비료의 양은 앞서 언급한 토양과 잎을 분석한 자료를 기준으로 산정해야 하는데, 이보다 부족하면 원하는 효과를 기대할 수 없고, 과다하면 뿌리가 화상을 입을 수 있다. 그러나 시비량을 정확하게 계산하는 것은 쉬운 일이 아니기 때문에 일반적으로 다음과 같은 량을 기준으로 시비하면 무난하다.

- 지효성 비료: 한번에 1~2kgN/100m^{2}를 적용하되, 12개월 누적으로 2.9kgN/ 100m^2 이내
- 속효성 비료: 한번에 0.5~1kgN/100m^{2}를 적용하되, 12개월 누적으로 2kgN/100m^2 이내

6) 비료 적용구역

시비는 비료를 흡수하는 세근이 집중되어 있는 구역에 실시해야 그 효과를 극대화할 수 있는데, 일반적으로 세근은 수직적으로는 지하 15cm 내외에, 수평적으로는 수간으로부터 낙수선 부근에 이르는 구역에 많이 분포하고 있다. 따라서 지하 차표층(次表層, subsurface – 지표 바로 밑 토양층)에 적용할 때에는 깊이 10~20cm에, 지표면에 적용할 때에는 수간으로부터 낙수선(落水線, drip line)에 이르는 구역에 각각 적용하는 것이 좋다(그림 46).

원추형으로 생장하거나 인위적으로 수형이 축소된 교목은, 낙수선을 기준으로 비료를 적용하면 구역이 너무 좁기 때문에, 흉고직경(지상 1.4m)에 12~18을 곱하여 수간으로부터 비료를 적용할 구역의 반경을 구하면 된다. 예를 들면, 흉고직경이 20cm인 원추 또는 원주형 수목의 비료 적용구역 반경은 2.4~3.6m가 된다.

7) 시비 방법

비료를 적용하는 방법에는, 토양에 적용하는 방법과 잎이나 수간에 직접 적용하는 방법이 있다. 토양에 적용된 비료는 뿌리를 통해 나무의 각 조직으로 확

그림 46 구형으로 자라는 나무는 수간으로부터 낙수선 주위에 이르는 구역에 비료를 적용한다.

산되는데, 영양소의 토양 내 이동성에 따라 적용되는 위치를 달리할 필요가 있다. 예를 들면, 질소(N)는 토양 내 이동성이 좋기 때문에 토양 수분이 적절한 경우 지표면 적용이 효과적이고, 인(P)은 토양과 결합해야 뿌리지역으로 이동하기 때문에 차표층 시비가 좋으며, 토양 내 이동성이 중간인 칼륨(K)도 차표층에 적용하는 것이 효과가 높다.

차표층 시비는 직경 5~10cm 깊이 10~20cm의 구멍을 건조한 비료로 채우거나 액체의 비료를 관주하는 방식으로 이루어진다. 이때 유의할 점은 뿌리 손상을 최소화하면서 비료가 적용구역 내에 고루 적용되도록 하고, 구멍은 지표면으로부터 5cm 정도를 남겨두고 비료를 채우는 것이다.

비료는 토양에 적용하는 것이 가장 바람직하지만 나무가 전통적인 시비에 반응하지 않거나, 포장 등으로 뿌리 시스템에 접근하기 어려운 경우, 뿌리 시스템이 부족한 영양소를 충분히 흡수할 수 없는 경우(토양 pH가 미량원소 용해를 방해하고 있을 때)에는 제한적으로 엽면살포나 수간 주입으로 영양분을 공급할 수 있다.

엽면살포는 가시적인 영양결핍 현상을 단기간에 경감시킬 필요가 있을 때 활용하는 방법으로 결핍현상이 발생한 잎이 충분히 젖도록 살포해주면 된다. 이 방법으로 적용되는 비료는 주로 질소, 철, 아연이며, 그 효과는 1년을 넘지 않는다. 살포된 영양소는 어린잎이 가장 많이 흡수하기 때문에 과다적용하면 피해를 입기 쉬우며, 이러한 비료적용은 점차 감소하고 있는 추세이다.

비료를 수간에 주입하는 방법으로는 수간 주사와 수간 삽입이 있다. 수간 삽입은 주입할 수 있는 량의 제약 때문에 미량원소를 공급하는 경우에 효과적이다. 수간 주사는 변재의 도관이 막히지 않도록 날이 날카로운 비트를 장착한 천공기로 가는 구멍을 뚫고 비료를 주입하는 방법인데, 주입하는 위치는 근원에 가까울수록 좋다.

적용 시기는 잎이 완전히 전개된 후 늦봄이나 초여름이 좋으며, 잎이 전개하고 있을 때 적용하면 잎의 가장자리가 괴사하는 약해가 발생할 수 있고, 잎이 없을 때에는 상승하지 못한 약제에 의해 주변 수피가 고사할 수 있다(그림 47). 수간 주사를 할 때 발생한 상처는 변색과 부후로 이어질 수 있으므로, 적용을 연 1회로 제한하는 것이 좋고, 따라서 제품도 1회 주입으로 효과가 3년 이상 지속되는

그림 47 이식 후 잎이 전개되기 전에 실시한 수간주사로 인해 발생한 약해.

것이 좋다.

수간 삽입은 비료를 담은 캡슐을 형성층 안쪽 변재에 삽입하는 방법으로, 수간 주사보다 상처는 크지만 연중 언제든지 적용할 수 있고, 적용 후에 제거할 필요가 없는 장점이 있다.

30 수분관리가 중요하다

1) 물의 양면성

나무에 대한 물의 중요성은 아무리 강조해도 지나치지 않는다. 물은 나무가 탄수화물을 생산하는 기작인 광합성의 주된 원료이며, 체내의 영양소와 광합성 산물을 운반하는 매개체이다. 또한 증산(蒸散, transpiration)을 통해 흡수되는 물은 나무를 식혀주고, 잎을 비롯한 각 조직의 팽압(膨壓, turgor pressure)을 유지시켜준다. 이렇게 물은 나무의 생육에 필수적이지만, 적정한 범위를 벗어나서 너무 적거나 너무 많으면 나무의 쇠퇴와 죽음의 원인이 되기도 한다(그림 48, 49).

그림 48 장기간 가뭄으로 인해 잎이 타들어가는 산철쭉.

그림 49 장마와 배수불량으로 인해 뿌리가 침수되어 죽어가는 스트로브잣나무.

2) 도시 토양환경과 수분

도시의 토양환경은 자연 상태와 크게 다르다. 도시 토양은 크고 작은 공사로 기존의 표토가 제거되거나 새로운 토양이 반입되어 서로 이질적이고, 지상의 포장으로 빗물 유입이 차단되어 있으며, 지하의 다양한 시설물로 인해 단절되어 있다. 따라서 도시 토양은 작은 기후변화에도 쉽게 수분 과부족 상태로 발전되는데, 이로 인해 여기서 자라는 나무는 항상 수분 스트레스에 노출되어 있다.

3) 토양과 수분

토양은 나무에 물을 공급하는 저수지이며 물은 토양 입자 사이의 공극에 존재하고 있다. 토양의 공극이 크면 물의 응집력이 약하기 때문에 중력에 의해 쉽게 빠져나가서 공기로 대체되지만, 작은 공극은 토양입자의 강한 흡착력과 중력을 능가하는 물 입자간 응집력으로 인해 물로 채워지게 된다. 즉, 토양 수분은 토양 입자의 구성을 나타내는 토성(土性, soil texture)의 영향을 많이 받는데, 앞서 언급한 바와 같이 토양 수분은 적정한 수준을 유지하는 것이 중요하기 때문에, 수분 보유력이 높으면서도 배수가 잘 되는 사질양토(모래 성분이 60% 이상)가 가장 바람직하다.

그런데 토양수분에서 보수성 못지않게 중요한 것이 토양 내 물의 흐름인데, 지금까지 우리는 이를 간과해왔다. 앞서 언급한 바와 같이 외부토양의 반입으로 토성이 상이한 층이나 집단이 발생하면 이들 사이에는 물의 흐름에 변화가 발생하고, 이는 나무의 피해로 이어진다. 예를 들면, 배양토나 입자가 굵은 흙을 사용하는 용기에서 자란 묘목을 입자가 가는 성토지반에 식재하면 용기 토양 내 수분이 식재지 토양으로 흡수되어 식재 초기에 건조피해가 발생할 수 있다.

반면 노지에서 자란 나무를 이식하면서 배수를 위해 근분 아래에 자갈 또는 모래를 깔아주거나 되메우기 토양에 퇴비를 과다하게 혼합해주면 근분 주변의 토양 입자가 더 굵기 때문에 근분에 물이 고이는 주수위(宙水位, perched water table)가 형성되어 새로이 발생하는 뿌리가 침수피해를 입게 된다(그림 50).

4) 나무와 수분

자연 서식지에서 자라고 있는 나무는 그 환경에 적응하도록 진화해왔다. 낙

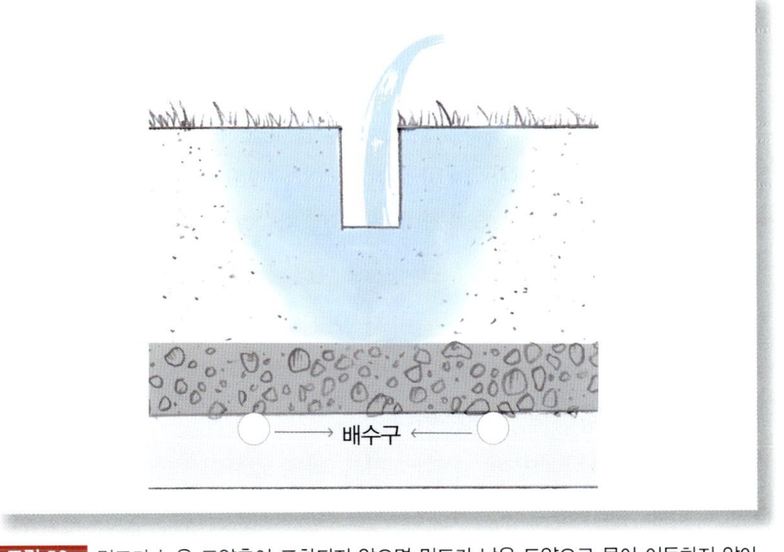

그림 50 밀도가 높은 토양층이 포화되지 않으면 밀도가 낮은 토양으로 물이 이동하지 않아 경계면이 포화된 상태가 유지되는 주수위(宙水位)가 형성된다. (Turf and Recreation, 2015)

우송이나 맹그로브는 물속이나 포화된 토양에서도 잘 자라고, 포플러류나 버드나무류는 자라는데 많은 수분이 필요하기 때문에 지하수가 지속적으로 공급되는 물가가 주 서식지이다. 그리고 연중 비가 고루 내리는 중생(中生, mesic) 지역에 적응된 나무는 가뭄이 들면 생존에 위협을 받지만, 장기간 비가 오지 않는 사막 지역이나 지중해성 기후에서 자란 식물들은 건조한 환경에도 잘 견딘다.

식물이 가뭄을 견디는 기작(機作, mechanism)은 크게 회피(回避, avoidance)와 내성(耐性, tolerance) 두 가지가 나눌 수 있다. 짧은 기간에 자신의 생활사(生活史, life cycle)를 완성할 수 있는 초본은 가뭄을 회피하는 전략을 선택하지만, 다년생인 나무는 가뭄에 대한 내성을 키우는 방향으로 진화해왔다. 일반적으로 내건성이 강한 식물은 잎이 작고, 두텁고, 질감이 거칠고, 털이 많고, 다즙이고, 왁스로 덮여 있고, 밝은색이며, 뿌리는 넓고 깊게 뻗는 것이 특징이다.

이처럼 수분부족에 적응하도록 진화하지 못한 나무가 가뭄에 노출되거나 건조한 지역에 식재되면 증산과 광합성이 감소되고, 뿌리의 비율이 상대적으로 증가하며, 생장조절제의 균형이 무너지면서 심각한 스트레스를 받게 된다. 이렇게 건강이 악화된 나무는 병해충에 쉽게 감염될 수 있고, 심하면 죽을 수도 있기 때문에, 식재부지의 환경에 적합한 수종을 선정하는 것이 매우 중요하며, 물이 부족한 지역에서는 건조기에 물을 절약하기 위해 내건성이 높은 수종을 식재하기도 한다.

5) 토양수분의 공급

토양수분의 공급원은 자연 강우와 인공 관수인데, 나무의 입장에서는 관수가 더 믿을만할 것이다. 기온이 높은 여름철에는 일시적인 가뭄도 나무에 심각한 피해를 줄 수 있기 때문에 예방적인 관수가 필요하며, 그 외 계절에도 장기간의 가뭄으로 토양수분이 부족해지면 관수를 적극적으로 고려해야 한다.

이렇게 공급된 물은 나지(裸地, bare soil)보다 풀이나 유기물로 피복된 토양에서 더 빨리 흡수되는데, 나지에서는 비가 오거나 스프링클러로 관수할 때 표면에 이상화(泥狀化, puddling: 물방울에 의한 토양입자의 접착) 현상이 발생하여 물의 흡수를 더디게 만드는 수막이 형성되기 때문이다.

관수의 필요여부는 잎이 시드는 것을 관찰하거나, 토양을 만져보거나, 토양습도 감지기를 활용하거나, 증발산 속도를 추정하거나, 잎의 온도를 측정하는 방법 등으로 확인할 수 있다. 그리고 관수하는 시기와 양은 위의 방법에 의해 확인된 토양수분의 수준과 일상적으로 발생하는 토양수분의 증발산량을 기준으로 결정된다. 정밀한 측정과 계산에 의한 관수가 최선이겠지만 이는 많은 노력과 비용이 소요되기 때문에 현장에서는 나무에 수분 스트레스가 나타나면 이를 해소시킬 수 있는 대략적인 양의 수분을 공급하는 것이 일반적이다.

7) 토양수분의 순환

자연강우와 인공관수로 공급된 물은 토양이 포화상태가 될 때까지 흡수되고 잉여량은 지표수로 유출된다(그림 51). 토양에 흡수되어 지하수를 재충전한 물은 다시 식물이 증산작용(蒸散作用, transpiration)을 하거나, 지표면 수분이 증발(蒸發, evaporation)할 때 대기로 되돌아간다. 이 두 현상에 의한 토양의 수분 상실을 증발산(蒸發散, evapotranspiration)이라고 부르며, 관수를 할 때 그 시기와 양을 결정하는 주된 자료가 된다.

이러한 토양의 수분 손실은 기후조건, 나무의 내건성과 크기, 식생의 밀도, 토양 내 가용한 물의 양, 토양 표면이나 피복의 유형 등에 의해 영향을 받는다.

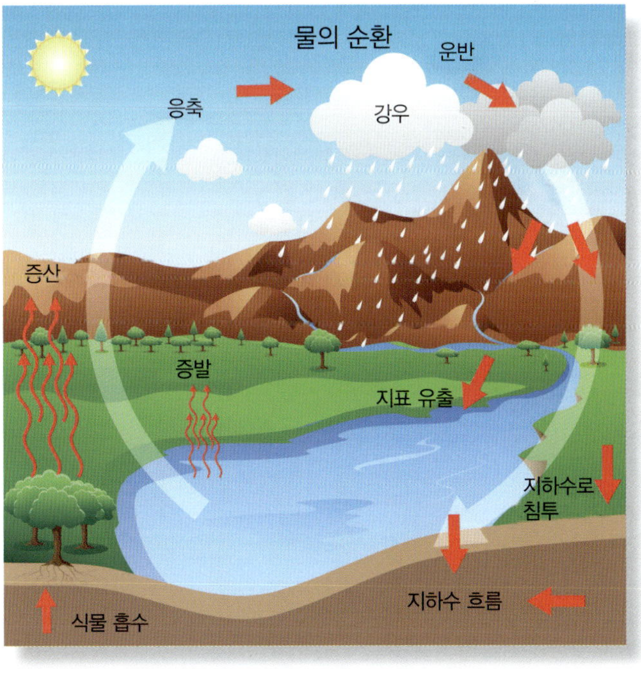

그림 51 물의 순환. 잉여수분은 유출되고, 토양에 흡수되어 지하수를 재충전한 물은 식물에 의한 증산과 지구 표면의 증발을 통해 대기로 되돌아간다.

증발산에 영향을 미치는 환경적인 요소는 햇빛, 온도, 습도, 바람 등이며, 나무와 관련된 요소는 엽면적, 잎의 증산 조절능력, 뿌리의 수분 흡수능력 등이다. 그리고 토양 내 가용한 수분이 많을수록 나무에 의한 증산과 지표면 증발이 활발하게 이루어지며, 식생이 만드는 그늘이나 멀칭에 의해 토양 표면이 보호되거나 피복되어 있으면 증발이 크게 줄어들 것이다.

증산작용은 식물이 뿌리로부터 줄기와 잎에 걸쳐 형성되는 수분포텐셜의 기울기로 인해 힘들이지 않고 물을 밖으로 내보내는 기작이다. 그런데 식물의 뿌리는 지하수가 공급되는 속도보다 물을 더 빨리 흡수하기 때문에 오후가 되면 토양수분이 고갈된다. 따라서 식물은 오후에는 기공을 닫고 밤사이에 수분이 다시 충전되기를 기다린다.

한편, 지구온난화로 인해 최근에는 기상 이변이 빈발하고 있다. 특히 2011년 6월과 7월 2개월 동안에는 1,450.6mm에 달하는 기록적인 강우량을 보인 반면, 2012년 4월 28일부터 6월 28일까지 62일 동안은 강우량이 10.6mm에 불과할 정도로 가뭄이 극심하였다. 이로 인해 주변의 많은 나무들이 침수 또는 건조피해를 입었는데, 이러한 이상 기후로 인한 피해는 앞으로도 되풀이 될 것으로 판단된다. 따라서 강우량의 극단적인 과부족으로 인한 나무피해를 예방하기 위해서는 배수와 관수를 통한 토양 수분의 적극적인 관리가 필요할 것이다.

뿌리 관리 문제의 심각성 7

31 뿌리는 여러 가지 문제를 유발한다

도시에 식재된 나무는 도로, 상하수도, 건축물, 송전설비 등 다양한 인공 구조물(人工構造物, hardscape)과 더불어 지상과 지하 공간을 공유하고 있기 때문에 이들과의 충돌은 불가피하다. 수목관리자의 주된 임무는 이러한 충돌로 인해 야기되는 크고 작은 문제를 해결하는 것으로, 가지나 줄기가 지상부와 충돌하는 문제는 관련 분야인 전정에서 다루기로 하고, 여기서는 근원부와 뿌리에 의해 지표면에서 발생하는 문제, 특히 가로수 때문에 발생하는 보도와 연석(보도와 차도의 경계석)의 피해에 관해 선진국에서 연구한 내용을 소개하고자 한다.

1) 뿌리피해의 심각성

미국의 지방자치단체장들이 가지고 있는 가로수에 대한 첫 번째 불만은 솟아오른 보도라고 한다. 영국 맨체스터(Manchester)의 경우 가로수의 30%가 보도를 파손하고, 13%가 연석을 손상시키며(Wong 등, 1988), 캘리포니아 산호세(San Jose)에서는 보도 피해의 68%가 인접하고 있는 나무와 "밀접한 관련"이 있었다(Sealana and Associates, 1994).

이처럼 나무뿌리 때문에 보도가 파손되면 이를 보수하고, 나무를 제거하거나 대체하며, 다친 보행자에게 피해를 보상해주는 등 사후관리를 위해 비용을 지출해야 하고, 다른 한편으로는 이를 예방하기 위해 시간이 오래 걸리는 기초연구에도 투자해야 한다.

이러한 사전/사후관리를 위해 지출되는 비용은 캘리포니아만 해도 연간 7천만 달러가 넘으며(McPherson과 Peper, 2000), 미국 전체적으로는 수억 달러에 이른다고 한다. 우리나라도 1970~1980년대에 식재된 가로수가 성목으로 자라면서 가로수에 의한 보도 파손이 발생하고 있어서 이에 대한 관리의 필요성이 점차 증가하고 있다(그림 52).

2) 피해 발생의 원인

차도와 보도 사이에 식재된 가로수는 자라면서 인접한 보도 포장과 연석에 피해를 줄 수 있는데, 보도 아래로 뻗은 뿌리는 굵어지면서 포장을 들어 올리고 균열을 유발하며, 줄기는 직경생장을 하면서 연석을 밀어내게 된다. 이러한 피해를 예방하고 해결하기 위해서는 그 원인을 규명해야 하는데, 문제는 이러한

그림 52 보도에 근접하여 자라는 메타세쿼이아의 줄기와 뿌리에 의해 보도가 손상되었다.

현상이 모든 가로수에 공통적으로 발생하는 것이 아니고, 피해가 발생하더라도 그 원인을 특정하기 어려워 정확한 진단이 쉽지 않다는 것이다.

샌프란시스코 지역에 가장 많이 식재된 가로수 10종을 대상으로 한 조사에 의하면, 보도 파손의 38%, 연석 피해의 25%만 그 원인을 확인할 수 있었다고 한다(Wagar와 Barker, 1983). 이 조사에 의하면 피해가 발생하는 원인의 절반 이상은 직경생장과 뿌리발달 유형 등 나무의 생장 특성과 관련이 있고, 다음으로 식수대의 폭, 토성 등의 순이었다.

즉, 대교목으로 자라는 가로수는 직경이 굵어지면서 보도와 연석을 밀어낼 수 있고, 천근성 수종은 뿌리를 얕게 뻗으면서 포장을 직접 압박하여 밀어 올리거나 균열을 유발할 수 있기 때문에 도로변에 이러한 생장특성을 가진 수종을 식재하면 피해가 발생할 가능성이 높아지게 된다.

그리고 차도와 보도 사이 식수대의 폭이 좁으면 식재된 나무가 자라면서 머지않아 주변의 인공구조물과 충돌할 수밖에 없다. 토성도 뿌리 발달에 영향을 미쳐 포장 훼손의 원인이 될 수 있는데, 모래 성분이 많은 토양에서는 뿌리가 땅속으로 자라게 되어 포장과의 거리가 멀어지지만, 점토 성분이 많으면 뿌리가 지표면을 따라 자라기 때문에 포장을 직접 압박하게 된다(그림 53).

3) 피해발생의 예방

이렇게 확인된 가로수에 의한 보도와 연석의 피해발생 원인을 바탕으로 제시된 효과적인 피해 예방 방안에는 다음과 같은 대안들이 있다.

피해가 적은 수종 선정. 앞서 언급한 바와 같이 뿌리 피해의 가장 큰 원인은 나무의 유전적 생장특성에서 찾아볼 수 있기 때문에 수종 선정이 가장 중요하며, 중장기적으로는 같은 수종 중에서도 피해가 가장 적게 발생하는 개체를 선발하여 번식시키는 것도 필요하다. 캘리포니아 도시임업가(urban forester)를 대상으로 한 조사에 의하면, 수종 선정이 나무뿌리에 의한 보도 손상을 줄이는 데 매우 효과적이거나 부분적으로 효과가 있다고 응답한 사람이 80% 이상이었다(Bernhardt와 Swieki, 1993).

일반적으로 대교목이나 빨리 자라는 수종보다 소교목이나 천천히 자라는 수종이 피해를 적게 유발하는데, 아쉽게도 이와 관련된 구체적인 연구는 충분하지

그림 53 점토 지반 때문에 지표면으로 자라는 뿌리로 인해 발생한 보도 파손 피해.

못한 실정이다. 우리나라에서는 양버즘나무와 은행나무로 인한 피해는 적은 반면, 판근(板根, buttress)이 발달하고 천근성인 메타세쿼이아는 상대적으로 자주 문제를 일으키고 있다(그림 52).

자갈층 부설. 보도나 차도를 포장하기 전에 일정한 두께의 자갈층을 부설하면 뿌리와 포장이 직접 접촉하는 것을 막을 수 있기 때문에 뿌리에 의한 포장의 균열을 피할 수 있다. 그러나 시간이 경과함에 따라 자갈층이 침하할 수 있기 때문에 주기적인 보수가 필요한 약점이 있다.

방근 설치. 가로수의 뿌리가 곧장 보도를 향해 자라는 것을 막기 위해 보도가 시작되는 지점에 깊이 30cm 정도의 잘 분해되지 않는 판을 설치하는데 이를 방근(防根, root barrier)이라고 부른다(그림 54). 방근의 상단이 지표면에 노출되도록 설치하면 이 판에 접촉한 뿌리는 아래쪽을 향해 자란 다음 판의 하단에서 바깥으로 뻗어나가기 때문에 뿌리가 포장에 도달하는 거리가 멀어지고 시간도 길어지게 된다.

식수대 폭 확대. 나무가 자랄 수 있는 공간을 충분히 확보하면 나무 생장에도 도움이 될 뿐만 아니라 수간이 굵어져도 연석이나 보도와 충돌하지 않게 된다. 이에 따라 미국에서는 폭이 0.9~1.2m 이하인 식수대에는 나무의 식재를 금

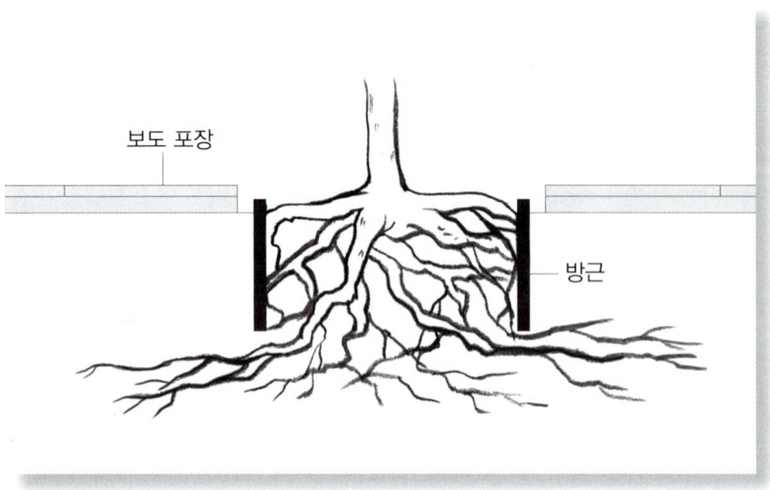

그림 54 보도 포장 가까이에 방근을 설치하면 뿌리가 보도 포장으로 자라는 것을 상당 기간 지연시킬 수 있다.

지하거나 관목만을 심도록 규제하는 지자체가 많으며, 뉴욕시는 차도 경계에서 수간까지의 거리를 최소 2.1m 확보할 것을 규정해 놓고 있다.

우리나라의 경우, 서울시가 보차도 경계선과 가로수 수간 중심까지의 거리를 최소 1m로 규정하고 있는데, 다소 미흡하지만 잘 지켜지면 가로수 뿌리로 인한 피해를 줄이는 데 도움이 될 것이다.

4) 피해발생 후 사후관리

일단 나무의 뿌리로 인한 피해가 발생하면 나무의 안전을 해치지 않고 해결하는 것은 어려우며 처리 효과도 단기간에 그치기 때문에 해결방안도 제한적일 수밖에 없다.

포장의 부분 보수. 포장 중에서 금이 간 부위는 메워주고, 솟아오른 부위는 주변의 경사를 완만하게 만들어주거나 평평하게 연마하는 관리방법이다. 이렇게 하면 보행자가 걸려 넘어지는 사고를 줄이는 단기적인 효과는 기대할 수 있지만, 문제를 유발한 뿌리가 그대로 있기 때문에 이로 인한 피해는 계속해서 되풀이 될 수밖에 없다.

단근(斷根, root pruning). 이 방법은 손상된 포장을 걷어낸 후 문제를 일으키는 뿌리를 포장의 가장자리에서 30~45cm 깊이까지 절단하여 제거한 다음 다시 포장하는 것이다. 보도 손상이 심하면 이러한 고강도의 처리가 필요하겠지만, 문제는 뿌리 절단이 나무의 건강과 구조적인 안정성에 심각한 영향을 미친다는 것이다(그림 55).

보도 수선에 경험이 풍부한 캘리포니아 레드우드시티(Redwood City)의 경우, 나무의 뿌리를 절단한 다음에는 어김없이 수간의 위쪽에 줄을 매고 차량을 이용하여 당기는 진동실험(shake test)을 실시하여 해당 나무의 안전성을 확인하고 있다.

제거 및 교체. 비록 다양한 생태적, 경제적, 정신적 편익을 제공하고 있는 나무일지라도 기반시설을 상습적으로 훼손하여 유지관리 비용을 과다하게 유발하거나 안전을 보장할 수 없는 경우에는 이의 제거를 검토할 필요가 있다. 나무의 제거는 관련 요소들 종합적으로 고려하여 신중하게 결정해야 하지만, 일단

그림 55 보도 파손을 피하기 위해 가로수의 뿌리를 절단하면 나무의 고착력이 약화되어 강풍에 쉽게 넘어져 더 큰 피해가 발생할 수 있다.

제거해야 한다고 판단되면 망설임이 없어야 한다.

이처럼 공존하는 도시 나무와 기반시설이 충돌하여 문제가 발생하면 바로잡기 어렵기 때문에 잠재적인 충돌 가능성을 사전에 최소화하는 것이 중요하다. 이를 위해서는 기반시설의 안전을 고려한 수종 선정과 나무의 장기적인 생장이 가능한 기반시설 설계가 가능하도록 경관 계획의 초기 단계부터 수목관리자와 도시림 전문가가 참여하는 제도가 정착되어야 할 것이다.

32 뿌리를 보호하지 않는 공사 관행

인구의 도시 집중과 생활환경의 변화로 건물, 도로, 주차장 등의 인공구조물을 새로이 건설하거나 기존 구조물을 재정비하는 공사가 지속적으로 발생하고 있다. 이러한 개발 사업을 위해서는 새로운 공간을 확보하고 기존 구조물을 재배치해야 하는데, 이 과정에서 개발대상 부지에 생육하고 있는 나무를 비롯한 기존 식생은 완전히 제거되거나 살아남아도 환경변화로 인한 스트레스 때문에 피해를 입게 된다.

이때 발생하는 식생의 피해 정도는 사업주의 성향에 따라 차이가 큰데, 환경에 무관심한 사람들은 다 자란 나무의 가치를 과소평가하고 단기적인 비용만 고려하여 자신들의 작업 편이를 위해 나무를 모두 제거하거나 보호조치를 취하지 않는다. 반면, 환경에 대한 관심이 높고 나무의 경제적, 사회적 가치를 존중하는 사람들은 부지 내 성숙된 나무를 가능한 한 많이 보존하기 위해 노력할 것이다.

1) 수목보존의 필요성

새로운 부지를 개발하거나 기존 부지를 재정비할 때, 수목 보존의 필요성을 설명하기 위해 굳이 나무가 제공하는 다양한 편익을 언급할 필요는 없지만, 이를 다시 한 번 강조하면, 아름다운 나무는 사람의 건강과 삶의 질을 향상시키는 정서적인 가치와 함께 부동산의 매력을 높여주는 경제적인 가치가 있을 뿐만 아니라, 냉/난방 에너지 비용 절감, 탄소 격리, 수분 보유, 야생동물 서식처 제공, 공기 정화, 소음 저감 등 다양한 환경적 편익도 제공한다.

여기에 더하여 선진국에서는 허가 없이 나무를 제거하면 지자체 법령에 따라 거액의 벌금을 납부해야 되는 등 여러 가지 불이익을 받게 되기 때문에 적절한 수목보호 조치를 취하기도 한다.

2) 공사로 인한 피해 유형

개발 사업은 수목 벌채, 땅고르기, 건축, 필요한 자재 운반, 경관 조성 등 작업의 연속이며, 각 작업마다 각종 중장비가 동원된다. 이러한 중장비들은, 별도의 보호조치를 하지 않으면, 공사가 완료된 후에도 보존되어야 하는 나무의 가지와 줄기 및 뿌리에 대해 기계적인 손상, 토양 답압, 지표면 변경으로 인한 생리적 스트레스 등 다양한 피해를 입히게 된다.

지상부 손상. 나무 주변에서 작업하는 중장비는 수간과 충돌하여 사부와 형성층을 포함한 수피와 목부에 상처를 줄 수도 있고, 낮은 가지를 파손시키며, 폐기물을 소각하거나 장비를 운행할 때 내뿜는 열기는 잎을 태우게 된다. 이렇게 발생한 상처는 병원균의 침입 경로가 되어 향후 구조적인 문제로 이어질 수 있다. 또한 수간에 발생한 상처로 통도와 보호 조직이 손상되면, 물, 양분, 탄수화물 등 생육에 필요한 물질을 운반할 수 있는 능력이 약화되어 나무의 활력이 크게 떨어지게 된다.

뿌리 손상. 공사로 인해 나무가 입는 치명적인 피해는 뿌리에서 발생한다. 가스, 전기, 상하수도, 전화/케이블TV용 전선 등 공익시설을 지하에 매설하거나, 지표를 변경하는 공사를 할 때 중장비를 동원하여 땅을 굴착하게 되는데, 뿌리의 정확한 위치나 깊이를 알 수 없기 때문에 이 과정에서 많은 뿌리가 절단될 수 있다. 뿌리가 과도하게 절단되고 제거되면 나무의 고착력이 약화되어 바람에 쉽게 넘어질 뿐만 아니라, 양분과 수분을 흡수하는 능력이 크게 떨어지기 때문에 심하면 공사가 끝난 다음 고사할 수도 있다.

토양 답압. 공사부지에서의 토양 답압은 대부분 공사용 차량이나 중장비의 통행으로 인해 발생한다. 따라서 답압의 정도는 이들 장비가 토양에 가하는 단위면적당 중량과 빈도에 의해 결정되며, 피복, 토성, 토양 수분 등의 환경적인 요인이 가감 요인으로 작용한다. 토성이 양토이거나 수분함량이 높은 경우, 또는 유기물 함량이 낮은 토양은 답압에 민감하지만, 건조 또는 동결된 토양이나 유기물 함량이 높은 거친 토양은 상대적으로 답압피해를 덜 받게 될 것이다.

답압이 발생하면 토양의 대공극 비율이 감소하여 밀도와 기계적인 저항이 증가하기 때문에 토양 내 공기와 수분의 유통이 불량하게 되며, 이로 인해 약화된 토양 내 미생물 활동과 뿌리생장은 나무의 활력과 생장의 위축으로 이어진다.

성토와 절토. 개발사업의 목적을 달성하기 위해 때로는 보존해야 할 나무의 주변에 토양을 추가로 쌓거나 주변 토양을 잘라내어 지표면의 높이를 변경해야 할 경우가 발생한다. 일반적으로 성토 작업은 흙을 쌓는 작업과 이를 다지는 작업이 반복되기 때문에 성토작업이 완료되면 뿌리는 답압과 비슷한 피해를 입게 된다. 성토로 인한 나무피해는 성토 높이와 성토에 사용되는 토양의 질감(토성)에 따라 다를 수 있다. 모래 함량이 높은 토양은 다소 높이 성토하더라도 피해가 덜 나타나지만, 점토성분이 많으면 10cm 내외의 성토에도 토양 산소 부족으로 인한 뿌리 질식 피해가 발생할 수 있다.

성토로 인한 또 다른 피해는 수간에서 발생하는데, 토양과 접촉하게 되는 수간은 직경생장에 제약을 받을 뿐만 아니라 높은 습도와 토양 미생물로 인해 수피가 썩어서 환상박피가 발생하게 된다. 성토로 인한 피해는 시간을 두고 서서히 나타나는 것이 특징이며, 성토로 근원이 매몰된 나무는, 수종에 따라 다소 차이는 있지만, 쇠락하여 결국은 죽게 된다.

반면, 지표면의 높이를 낮추기 위해서는 토양을 제거해야 하는데, 이에는 부지 전반에 걸쳐 일정한 두께의 표토를 일률적으로 제거하는 방법과 수간으로부터 일정한 거리를 두고 토양을 굴착하여 제거하는 절토가 있다. 그런데 수관 아래의 토양을 포함한 부지 전반의 토양을 걷어내는 경우 그 깊이가 10cm를 초과하면 뿌리를 심각하게 손상시켜 나무의 활력은 물론 안정성까지도 해칠 수 있기 때문에 삼가야 한다.

일반적으로 지표면은 보존될 나무의 수간으로부터 일정한 거리를 두고 토양을 굴착하여 낮추게 되는데, 이때 절토가 시작되는 지점이 수간에 너무 가까우면 너무 많은 뿌리가 절단되어 보호되어야 할 나무의 건강과 안정성에 위협이 된다.

3) 우리의 현실과 향후 과제

우리 주변의 공사현장을 살펴보면, 보존되어야 할 나무들이 아무런 보호조치 없이 방치되어 있다. 이로 인해 공사장 내의 많은 나무들이 중장비에 의해 수간이 손상되기도 하고(그림 56), 뿌리가 집중된 수관 아래의 토양이 다져져서 뿌리가 압박을 받기도 한다(그림 57). 그리고 수간에 근접한 절토로 인해 뿌리의 대부분이 절단되거나(그림 58) 무분별한 성토로 수간이 깊이 묻히는 사례가 흔히 발생하고 있다(그림 59).

또 다른 수목피해는 공사부지 내 성목을 이식하면서 발생하는데, 이는 선진국에서는 찾아보기 어려운 공사와 관련된 피해유형이다. 땅이 부족하여 제한된 부지를 집약적으로 개발할 수밖에 없는 우리로서는 부지 내 나무를 손상시키지 않고 공사를 수행하는 것은 쉽지 않다. 이렇게 공사 부지 내에 안전하게 보존하는 것이 어려운 나무가 있는 경우, 선진국에서는 제거를 원칙으로 하지만, 우리는 거액을 들여 이식함으로써 이를 구하기 위해 최선을 다하는 것처럼 성의를 보인다.

다자란 성목을 이식하는 것이 크게 의미가 없음에도 불구하고 이러한 작업을 하는 이면에는 나무를 다시 활용하겠다는 진정성보다는 개발에 반대하는 사람들을 일시적으로 무마하겠다는 불순한 의도가 깔려 있는 것으로 판단된다. 이는 지금까지 개발사업 추진과정에서 제거되어야 했던 수많은 나무들이 반대자

그림 56 수간에 근접하여 작업하던 중장비에 의해 수피가 벗겨지고 목부가 손상되었다.

그림 57 아무런 보호조치 없이 보존될 나무 가까이에서 작업이 수행되고 있다.

그림 58 수간에 근접한 절토로 나무의 뿌리 절반이 제거되는 피해가 발생했다.

그림 59 무분별한 복토로 땅속에 묻혔던 수간의 직경생장이 크게 위축되었다.

들과의 타협에 의해 이식되었지만, 대부분이 원래의 수형을 잃은 채 재활용되지 못하고 방치되어 있는 것을 보면 알 수 있다(그림 60).

특히 산림을 개발하면서 이식한 성목들은 대부분 생존하지 못하는데(그림 61), 이는 표토가 깊지 않은 높은 산에서는 근분을 충분한 크기로 제작하기 어렵고,

그림 60 부지를 개발할 때 제거되어야 할 나무가 수형이 파괴된 상태로 가식된 후 방치되어 돈이 낭비되고 있다.

그림 61 토심이 얕은 높은 산에서 자라는 성목은 이식하면 대부분 죽는다.

뿌리가 멀리 그리고 깊게 뻗어 있어서 너무 많은 뿌리를 상실하기 때문이다.

이처럼 공사로 인한 수목피해는 더 이상 방치할 수 없는 상황에 이르러 대책 수립이 절실하지만 이에 대한 우리의 연구는 전무한 실정이다. 따라서 우선 선진국의 사례를 참고하여 하루 빨리 우리 실정에 맞는 제도를 구축하는 것이 수목피해를 줄이는 현실적인 방법일 것이다. 이를 위해 우리가 참고할 만한 선진국의 공사 중 수목보호 기술을 이어서 소개하고자 한다.

33 선진국의 공사 시 수목 보호조치

이번에 소개하는 선진국의 공사로 인한 수목피해 관리는, 미국의 국가표준인 '부지계획수립/부지개발/공사 중 수목관리(ANSI A300 (Part 5)-2012 Management of Trees and Shrubs During Site Planning, Site Development, and Construction)'와 이 표준을 해석하고 현장에 적용하는데 도움을 주기 위해 국제수목관리학회(ISA, International Society of Arboriculture)가 발행한 '최적관리실무-공사 중 수목관리(Best Management Practice - Managing Trees During Construction)를 중심으로 하고, 미국 등 선진국의 주요 도시가 시행하고 있는 수목보호관련 조례 내용 중에서 주요한 규정들을 부분적으로 발췌하여 첨가한 것이다.

건설이나 개발 프로젝트는 계획 수립, 설계 및 인허가, 공사 전, 공사 중, 공사 후 등 5단계로 나눌 수 있다. 일반적으로 사업주체가 개발 대상 부지 내 나무 중에서 보존하고자 하는 나무를 보호하기 위해 수목관리자의 조언을 구하는 것은 피해가 임박하거나 현실화되고 있는 공사 중인 경우가 많다. 그러나 부지 내 나무의 피해를 초래하는 의사결정은 이들 단계 전반에 걸쳐 발생하고 있고, 특히 공사 이전 단계에 이들의 생사가 결정된다.

따라서 보존이 필요한 나무나 숲을 공사 후에도 계속 건강하게 유지시키기 위해서는 수목관리나 도시림 전문가가 계획수립단계부터 적극적으로 참여해야 하며, 이를 통해 보존될 나무에 대한 공사 스트레스를 최소화하면 사후 관리비용도 절감할 수 있기 때문에 사업주체에게도 경제적이다.

1) 계획수립 단계

계획수립 단계는 개발이나 건설 프로젝트의 첫 단계로서, 대상 부지에 대한 기초조사를 통해 건축가와 개발업자가 구조물의 크기와 유형, 부지 내 배치 방법 등을 결정한다. 이때 부지 내 나무나 숲의 기본적인 훼손 정도가 정해지기 때문에 수목보호의 관점에서는 매우 중요한 단계이다.

가장 바람직한 경우는 나무에 피해가 발생하지 않도록 나무에 가장 높은 우선순위를 두고 계획을 수립하는 것이지만, 공사를 수행하면서 모든 나무를 보존하는 것은 불가능하기 때문에 공사로 인한 피해가 최소화되도록 노력할 필요가 있다.

공사 관련 당사자의 관심. 개발사업으로부터 나무를 보호하기 위해서는 해당 사업에 참여하고 있는 모든 사람들이 나무의 가치를 인식하고 보존에 적극적인 관심을 보여야 한다. 수목보호에 적극적인 사업주와 설계자들은 처음부터 수목 전문가의 조언을 구하고 이를 설계에 반영하기 때문에 공사가 완료된 후에도 보존된 나무가 건강하게 유지될 수 있을 것이다.

그러나 모든 당사자들이 수목보호에 관심을 보이는 것은 아니기 때문에, 선진국의 일부 지자체는 수목관리 전문가로 하여금 개발 사업이 나무의 건강과 구조에 미치는 영향을 평가하도록 하고 이를 계획 수립에 반영할 것을 강제하고 있다.

수목자원 조사. 수목보호계획은 개발대상 부지에 대한 수목자원 정보를 기초로 수립되기 때문에, 정확한 정보 수집을 위해 전문성이 높은 수목관리자나 도시림전문가가 참여해야 한다. 이때 확인하는 주요 항목들은 해당 부지 내에 생육하는 나무의 수종, 수령, 위치, 크기, 구조, 건강 상태, 뿌리 시스템, 수관폭 등 개별 나무에 대한 정확한 정보뿐만 아니라 토양의 특성과 부근 기반시설과의 거리 등도 포함되어야 한다. 또한 인접 토지에 공사로 인해 영향을 받을 수 있는 나무가 있으면 이에 대한 정보도 수집해야 할 것이다.

보존대상 나무 선정. 보존대상 나무는 비용 지출의 타당성, 수종의 특성, 나무의 건강과 구조, 사업주의 선호도 등에 따라 선정된다. 수목보존의 타당성은 해당 나무를 보존하기 위해 지출하는 비용과 해당 나무가 제공하는 편익을 비교하여 판단할 수 있는데, 만약 보존노력을 보상하기 어려운 나무가 있다면, 이를 위한 재원은 공사 후에 새로운 나무를 식재하는데 배분하는 것이 더 나을 것이다.

수종의 특성도 보존 적합성을 결정하는데 결정적인 역할을 한다. 은행나무, 서양측백, 히말라야시더, 측백나무류, 산사나무류, 낙우송류 등 공사 관련 손상에 잘 견디는 수종은 공사가 완료된 이후에도 제공하는 편익에 변화가 크지 않기 때문에 보존 대상 나무로 우선적으로 고려될 수 있을 것이다.

이러한 저항성 수종일지라도 수관이 성기고, 병해충 피해를 받아서 건강이 크게 악화된 나무나 수간과 뿌리의 상처/균열/부후, 불균형 수관, 동일세력줄기 등으로 파손 가능성이 높은 나무는 보존대상에서 제외될 수 있다.

이러한 객관적인 평가 외에 주관적인 요소인 사업주체의 수종에 대한 선호 정도도 보존할 나무를 선정하는 의사결정에 영향을 미치는데, 사업주체가 선호하는 수종은 다소 불리하게 평가되더라도 보존될 가능성이 높을 수 있다.

로스앤젤레스 공원휴양국이 개발계획의 일부를 차지하고 있는 수목 보존계획을 수립하는 기준으로 제시한 3대 지도원칙은, ① 일부 건강하지 못하고 구조적 안정성이 불량한 나무는 제거할 수밖에 없고, ② 성공적인 수목보존을 위해서는 개발사업의 참여자 모두가 노력해야 하며, ③ 공사로 인한 손상을 치유하는 것은 거의 불가능하기 때문에 보존 노력은 피해를 예방하는데 중점을 둘 것 등으로, 이는 개발 사업으로 인한 나무 피해의 불가피성과 피해 발생을 예방하기 위한 사전 조치의 중요성을 강조하고 있다.

2) 설계 및 인허가 단계

설계단계에는 건물의 위치, 크기, 형태 등이 확정되는데, 이때 수목관리 전문가가 실시한 수목자원조사 결과와 수목별 보존 가능성에 대한 평가가 반영된다. 나무의 보존가치가 건축물의 위치나 크기, 형태에 영향을 미치기도 하지만, 나무 또한 새로운 건축물의 조망에 방해가 되거나, 건축적인 특성을 가리거나, 햇빛의 접근을 제한하거나, 미래의 개발이나 확장에 저촉되는 경우에는 제거될 수도 있다. 이들 두 요소를 고려하여 최종적으로 보존될 나무가 결정되면 이를 설계도와 현장에 표시한 다음 어떻게 보존할 것인가를 기술한 수목보호계획서를 작성하게 된다.

이 계획서는 인허가를 받기 위해 지자체에 제출하는 신청서에 첨부해야 하는데, 로스앤젤레스에서는 모든 프로젝트의 인허가 서류에 설계자와 현장 프로젝트 책임자를 대상으로 하는 수목보호설명서와 공사 중 수목 피해방지 요령에 관한 수목보호 지침을 포함하도록 요구하고 있다.

캐나다 캘거리는 개발/건축허가를 신청할 때 공공수목공시보고서(Public Tree Disclosure Statement)를 작성하여 제출하도록 하여, 이를 기준으로 공원업무 담당조직이 개발과 건설공사 중에 발생할 공공수목피해를 확인하고, 도시림전문가의 도움을 받아 개발사업자가 제시한 수목보호계획서의 타당성을 검정한다.

영국에서는 다양한 법령에 의해 나무가 보호되고 있는데, 나무에 영향을 주는 작업을 수행하고자 하는 사람은 누구나 작업에 앞서 나무의 법적인 상태에 따라 해당 법령이 요구하는 사항을 충족해야 한다. 이들 중 대표적인 수목보호 법령은 지역 내 중요한 나무를 보호하기 위한 수목보존조례(TPOs, Tree Preservation Orders)이다.

3) 공사 전 단계

공사 전에 수행되어야 하는 수목보호조치는 착공 전에 완료되어야 하는데, 주로 모든 공사 참가자가 수목보호계획을 숙지할 수 있도록 교육하는 것과, 나무에 피해가 발생하지 않도록 수목보호구역(TPZ, Tree Protection Zone)을 설정하고 울타리를 설치하는 것이다.

수목보호계획 교육. 수목보호를 위한 교육은 공사에 참여하는 모든 사람들을 대상으로 하는데, 주요 내용은 수목보존의 목적, 수목보호를 위해 준수해야 하는 작업 관행과 이를 위반했을 때의 처벌 등이다. 영국에서 보존할 나무를 훼손하면 경범죄 법원에서는 £20,000까지, 형사법원에서는 제한 없는 벌금이 부과될 수 있으며, Calgary(Canada)에서는 공공수목에 피해를 주면 매 건마다 최대 $10,000의 벌금을 부과할 수 있도록 규정하고 있다.

수목보호구역 설정. 미국은 공사로부터 나무를 보호하기 위해 수목보호구역을 설정하도록 강제하고 있고, 영국도 이와 관련된 표준인 BS 5837:2012(Trees in relation to design, demolition and construction)에 뿌리보호지역(RPA, Root Protection Area)을 설정하도록 권고하고 있다.

일반적으로 공사로부터 보호될 구역은 느티나무처럼 구형으로 자라는 수종은 수관폭에 상당하는 낙수선을 기준으로 하며, 소나무와 같이 원추형으로 자라는 수종은 흉고직경을 기준으로 일정한 상수를 곱하여 반경을 산정한다(그림 62). 미국(ANSI A300-Part 5)과 영국의 국가표준에는 흉고직경을 기준으로 보호구역의 반경을 산정하도록 규정하고 있는데, 미국은 해당 수종의 뿌리 손상에 대한 저항성, 수령과 건강 등을 고려하여 6~18배, 영국은 12배를 적용할 것을 권장한다.

이러한 지침에도 불구하고 도시에서는 수목보호구역 내 굴착이 불가피하여 이를 축소해야 하는 경우가 발생하는데, 이러한 상황을 예상하여 나무의 건강과 안전을 위해 양보할 수 없는 마지노선인 임계뿌리구역(臨界根域/CRZ, Critical Root Zone)을 설정하여 운영하는 지자체도 있다(그림 62). 미국의 Austin(Texas)과 Santa Monica(California)는 수목보호구역을 임계뿌리구역으로 규정하고 있는데 비해, 캐나다의 Calgary와 미국의 Los Angeles(California)는 수간으로부터 각각 4m와 3m 안쪽에서의 공사 활동을 불허하고 있다.

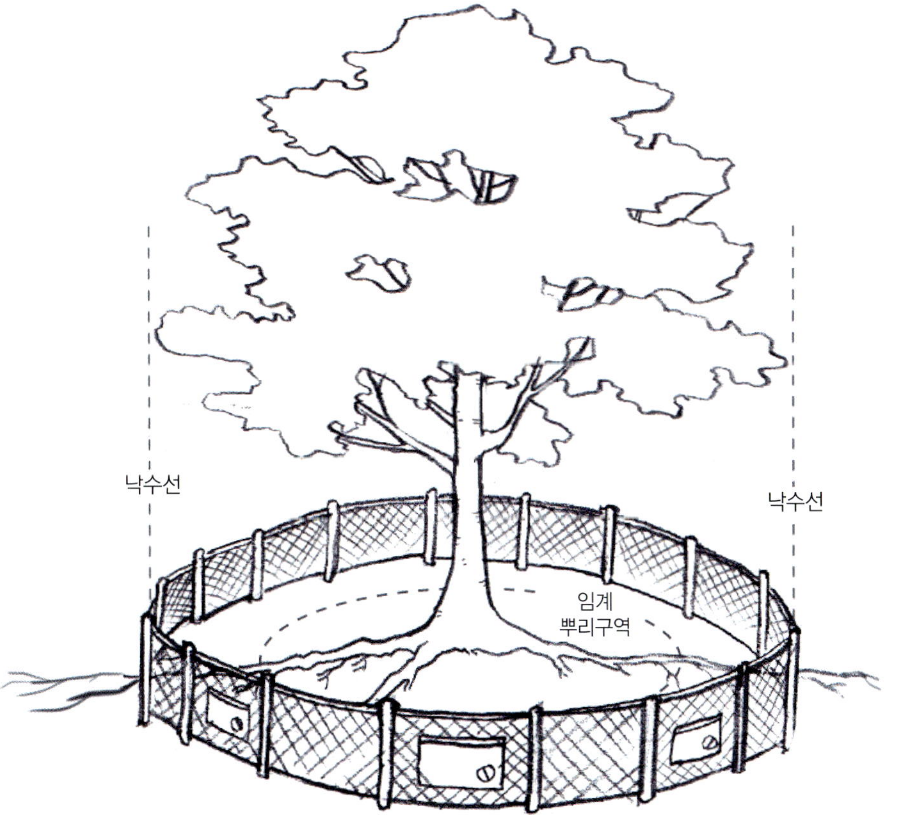

그림 62 공사로부터 나무를 보호하기 위해서는 낙수선 안쪽을 수목보호구역으로 설정하여 보호해야 하며, 임계뿌리구역은 양보할 수 없는 보호구역이다. (ISA, 2008)

보호 울타리 설치. 토양 답압이나 뿌리피해를 초래하는 공사 활동이 수목 보호구역 내에서 일어나는 것을 방지하기 위해 부지 정지, 굴착 등의 작업을 시작하기 전에 견고한 울타리를 설치하고 울타리 안쪽은 보존될 나무를 위해 작업 활동이 금지된 구역임을 나타내는 표지(sign)를 부착해야 하며(그림 63), 이는 공사가 완료될 때까지 유지되어야 한다.

수목의 건강관리. 보존 대상 수목에서 영양결핍 현상이 관찰되거나 가뭄이 지속되는 경우에는 비료를 적용하거나 충분한 수분을 공급할 필요가 있다. 그리고 관수 후에 5~10cm 두께의 유기물 멀칭을 유지해 주면 공사 중에 토양 수분 보존, 토양 온도 조절, 잔디와의 경쟁 배제, 토양 미생물 활동 증진, 답압으로부터 토양 보호 등의 보호효과를 기대할 수 있다. 또한 공사 장비의 현장 접근이 불가피한 경우에는 미리 수관 축소나 수관 높이기 전정을 할 필요가 있다.

그림 63 수목보호구역은 울타리를 세운 다음 눈에 잘 띄는 표지판을 설치해야 한다.

4) 공사 단계

공사 단계는 건설에 필요한 활동이 집중되는 기간이며, 개발 대상 부지에 대한 정지작업으로부터 시작되고 집을 짓고 경관 조성을 완료하면 종료된다. 이 기간 동안 수목관리자는 건설팀의 일원으로서 공사업체, 개발업자, 관련 기관 담당자와 긴밀하게 접촉하면서 수목 손상과 건강에 대한 모니터링을 실시해야 하며, 만약 공사 중에 공공수목에 피해가 발생하면 사업주는 이를 즉시 관계 기관에 보고할 의무가 있다.

부지 개발을 위한 설계에는 나무의 건강과 안전에 영향을 미치는 공사가 포함될 수 있는데, 이들 공사로 인한 수목피해를 최소화하기 위해서는 다음과 같은 다양한 작업 대안을 고려할 필요가 있다.

수목보호구역 내의 토양과 뿌리 보호. 공사 기간 중에 수목보호구역 내 차량이나 중장비의 통행이 필요한 경우에는 토양 답압과 기계적인 뿌리 피해를 최소화하기 위한 조치를 취해야 하는데, 이때 해당 지역을 목재칩으로 두께 15~30cm의 멀칭을 해주거나, 두께 10cm 이상의 멀칭을 한 다음 그 위에 두께 2cm의 합판을 깔아주면 부하를 분산시킬 수 있다.

뿌리 절단. 뿌리 절단의 위치는 수간에서 멀수록 좋은데, 공사 중에는, 정상적인 경우, 수간 직경의 12배 거리 또는 낙수선 바깥에서 일어난다. 이식할 때 수간 직경의 5~6배되는 반경(따라서 근분직경은 수간 직경의 10~12배가 됨)에서 뿌리가 절단되는 것을 감안하면 이정도 거리에서의 뿌리 절단은, 수분관리만 잘하면, 문제가 되지 않을 것이다.

보존될 나무 근처에서의 기계적인 굴착으로 뿌리가 절단될 수밖에 없다면, 뿌리가 찢어지거나 뭉개지게 내버려두는 것보다 사전에 깔끔하게 절단해주는 것이 좋다. 그리고 임계뿌리구역 내에 배관이나 전선을 매설하기 위해 도랑을 파야 하는 경우, 굴착과정에 굵기가 2.5cm 이상되는 뿌리가 발견되면 뿌리 시스템 아래로 터널을 뚫는 공법을 적용해야 할 것이다.

지표 변경-절토. 사업의 목표를 달성하기 위해 지표면을 높이거나 낮추는 작업을 수행하게 되는데, 이러한 공사는 뿌리에 심각한 손상을 초래한다. 지표면을 낮출 때, 나무의 수간으로부터 점진적으로 경사를 이루도록 토양을 제거하면 수목보호구역 내의 뿌리가 대부분 절단될 수 있다. 따라서 지표 변경이 필요한 지점에서 수직으로 절토를 한 다음 옹벽을 설치하면 임계뿌리구역을 교란하지 않고 수목보호구역 내 기존의 지표면을 가능한 한 넓게 확보할 수 있게 된다 (그림 64).

이때 수간과 옹벽 간의 거리는, 한쪽 면을 절토할 경우에는 흉고직경의 6배 (임계뿌리구역) 이상, 사방을 절토할 경우 수목보호구역의 반경인 흉고직경의 6~18배를 확보해야 한다.

지표 변경-성토. 성토 또한 공기를 차단하여 뿌리를 질식시키기 때문에 심하면 나무가 고사하는 피해를 초래하게 된다. 수목보호구역 내에서 성토를 해야 하는 경우, 절토할 때와 같이, 수간으로부터 가능한 한 먼 곳에서 시작하고, 거친 입자의 재료를 이용하여 얕게, 그리고 다짐을 최소화하는 방법으로 수행하는 것이 좋다.

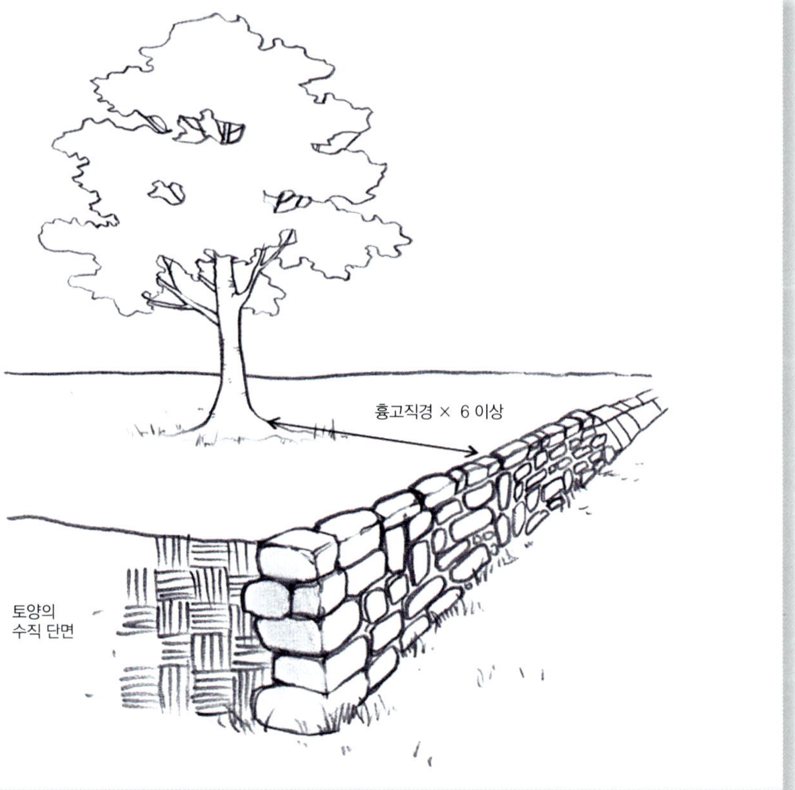

그림 64 절토는 임계뿌리구역이 확보되도록 수간으로부터 흉고직경의 6배 이상의 거리를 두고 실시해야 한다. (ISA, 2008)

임계뿌리구역 안쪽까지 성토를 해야 한다면, 수간으로부터 적어도 60cm 이상 거리를 두고 옹벽을 구축하여 나무 우물(tree well)을 설치하면 피해를 줄일 수 있다(그림 65). 이때 주의할 점은 옹벽의 기초공사를 위한 굴착을 삼가고, 고인 물이 빠져나갈 수 있도록 배수시설을 설치하는 것이다.

성토에 앞서 기존 지표면 전반에 걸쳐 모래나 자갈, 토목섬유를 깔아주는 경우가 있는데(그림 65), 이는 성토 토양의 하단에 주수위(宙水位, perched water table)를 형성시키고 뿌리가 성토토양으로 자라는 것을 방해하기 때문에, 기존 토양과 성토 토양이 직접 닿도록 하는 것이 오히려 더 바람직하다.

5) 공사 후 단계

공사가 완료되면 수목보호를 위해 설치한 울타리가 제거되는데, 이때 수목관리자는 공사가 나무에 미친 영향을 확인하기 위해 나무의 건강과 구조를 전반

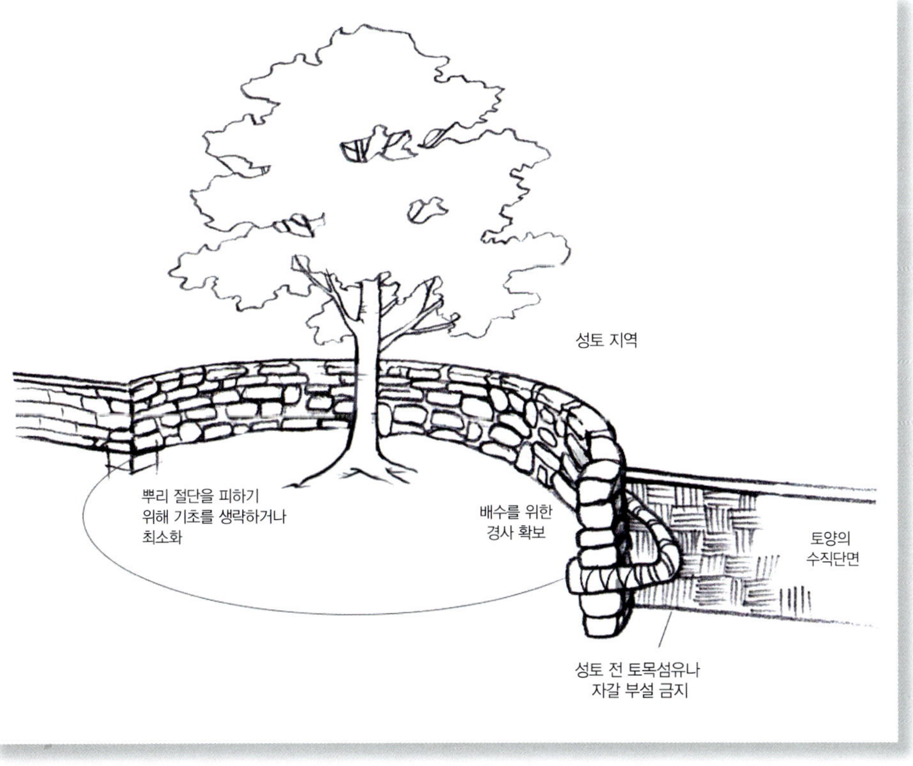

그림 65 성토는 수간으로부터 가능하면 먼 곳에 옹벽을 쌓은 후 실시하고, 옹벽을 위한 기초공사는 최소화하고, 배수시설을 설치하며, 성토에 앞서 기존 지표에 자갈이나 토목섬유를 부설해서는 안 된다. (ISA, 2008)

적으로 점검할 필요가 있다. 점검 결과 부러지거나 죽은 가지가 있으면 제거하고, 활력이 저하되었으면 관수와 시비를 실시하고, 보존 수목이 특정 병해충, 대표적으로 나무좀, 궤양병, 뿌리 부후 등에 감수성인 경우에는 이를 예방하기 위한 조치를 취하는 것이 좋다.

공사로 인한 나무 피해는 장기간에 걸쳐 나타날 수 있고, 잘못 관리하면 이전의 보존 노력과 투자에도 불구하고 해당 나무를 잃을 수도 있기 때문에 수목 관리자의 사후 관리와 모니터링은 이전 단계의 보호노력 못지않게 중요하다고 할 수 있다.

8 그릇된 전정 관행이 나무를 망치고 있다

34 그릇된 전정 관행의 문제점과 대책

나무는 인간에게 다양한 편익을 주고 있고, 우리는 이를 기대하면서 주변에 나무를 심는다. 도시 수목이 이러한 우리의 기대를 충족시켜주기 위해서는 구조적으로 튼튼하고 활력적으로 건강해야 하는데, 이를 위해서는 식재한 후에도 지속적인 관심을 가지고 올바른 방법으로 유지관리를 해주어야 한다.

그러나 주변에는 우리의 무관심과 그릇된 관리 때문에 제대로 자라는 나무를 찾아보기 어려울 만큼 수형이 파괴되고 건강이 악화된 나무로 가득 차 있다. 이러한 문제는 앞서 언급한 수종 선정, 식재, 양분/수분관리와 병해충 방제 등 유지관리 전반에서 그 원인을 찾을 수 있지만, 필자는 그릇된 전정이 가장 결정적인 요인이라고 생각한다.

전정은 나무의 구조를 개선하고 생장에 도움을 주기 위해 조직의 일부를 선택적으로 제거하는 관리 작업이기 때문에, 정도의 차이는 있지만 나무의 건강에 부정적인 영향을 미칠 수밖에 없다. 따라서 전정 작업은 나무에 미치는 영향을 최소화하기 위해 작업량을 장기간에 걸쳐 분산하여 수행하는 것이 중요하다.

그런데 우리의 수목관리 관행은 나무를 식재하고 나서 어떠한 관리도 하지 않은 채 방치하고 있다가 문제가 현실화되면 해결방안을 강구하는 것이 일반적이다. 이렇게 누적된 문제를 나무에 부담을 주지 않고 한꺼번에 해결하는 것은 불가능하다. 그러나 우리는 개의치 않고 이를 단번에 해결하는데, 이때 동원되는 수단이 강전정(强剪定)이라고 하는 무자비한 수목 파괴 작업이다(그림 66).

이렇게 일시에 모든 가지가 제거되거나 줄기가 절단되어 수형이 파괴되면, 나무는 극도의 스트레스 하에 놓이게 되고, 절단된 부위에서 시작된 부후로 인해 위해하게 되는데, 이러한 나무로 구성된 도시 숲으로부터 어떤 편익을 기대할 수 있을까?

전정, 원점에서 다시 시작하자!

이처럼 그릇된 전정이 도시 생태계 전체에 치명적인 피해를 주고 있음에도 불구하고 대부분의 사람들은 이를 인식하지 못하고 있는 것이 현실이다. 따라서 이 문제를 해결하기 위한 대책 수립이 절실한데, 그렇다고 조급하게 임시방편적인 처방으로 대응하는 것은 시간만 낭비하고 문제를 악화시킬 뿐이다.

이에 필자는 다소 시간이 걸리더라도 기본에 충실한 장기적이고 근본적인 해결방안을 수립할 것을 제안하고, 이 책의 내용도 이를 위해 필요한 기초지식

그림 66 갑자기 가지와 줄기가 절단되어 수형이 파괴되고 스트레스로 인해 맹아가 발생해 흉물스럽게 변한 양버즘나무.

을 제공하는 데 중점을 두고자 한다.

먼저 용어부터 정비하자

우리는 영어 pruning을 임업에서는 가지치기, 조경용 수목을 재배하고 과수를 관리하는 원예분야에서는 전정(剪定)이라고 부르고 있다. 가지치기는 지타(枝打)를 우리말로 바꾼 것으로 일본말 에다우치(枝打ち)에서 유래한 것이며, 전정은 일본어 센테이(剪定)를 우리식으로 읽은 것이다.

조림사업의 경제성을 높이기 위해서는 줄기가 길고 마디나 부후 등의 결점이 없는 양질의 목재를 생산해야 한다. 이를 위해서는 활력이 떨어진 가지를 제거하여 옹이나 부후가 발생하지 않도록 예방해야 하므로, 임업에서 이러한 pruning 작업을 가지치기라고 부르는 것은 당연하다. 그러나 원예 및 수목관리 분야에서는 pruning의 주된 작업이 가지제거뿐만 아니라 가지의 유인, 개화나 결실의 조절, 아름다운 수형 창출 및 유지, 나무의 기능에 적합한 수형관리 등 그 범위가 훨씬 더 넓기 때문에 이를 전정이라고 부르는 것이 더 적절할 것이다.

한편, 현장에서는 전정을 가지를 절단한다고 하여 전지(剪枝), 또는 가지를 정리한다고 하여 정지(整枝)라고 부르는 경우를 흔히 볼 수 있다. 그런데 전지라는 말은 존재하지 않기 때문에 더 이상 사용하지 않아야 하며, 정지(training)는 원하는 형태로 수형을 유도하기 위해 어린 나무의 줄기와 가지를 변형시키는 작업을 말하기 때문에 해당 작업에 한정하여 사용해야 할 것이다.

분야	영어	한국	일본
임업	pruning	가지치기(枝打)	에다우치(枝打ち)
원예		전정(剪定)	센테이(剪定)

전정작업은 나무의 일생과 같이 한다

나무는 풀과 달리 한번 골격이 굳어지면 바꾸기 어렵기 때문에 튼튼한 구조를 구축하기 위한 전정은 발아와 동시에 시작해야 한다. 예를 들어, 발아 첫 해에 자라는 묘목의 줄기가 부실한 경우 이듬해 봄에 지상부를 지면에서 절단하면 곧고 건강한 신초를 얻을 수 있다. 이렇게 확보된 건강한 묘목은 농장을 떠날 때까지 수간의 초살도가 좋고, 우세한 중앙 주지와 적절한 간격으로 배치된 가지를 가진 묘목으로 성장하도록 지속적으로 전정해주어야 한다.

현장에 식재된 후에도 성목이 될 때까지는 중앙 주지의 우세성이 유지되도록 경쟁하는 가지들을 억제하거나 제거해주고, 나무 아래 필요한 통행 공간을 고려하여 나무와 운명을 같이할 영구 가지를 선정한 다음 골격지를 일정한 간격으로 배치하는 전정이 필요하다.

나무가 성숙단계에 이르면 더 이상 구조를 변경시키는 것은 어렵고, 죽은 가지나 병든 가지, 파손된 가지 등을 제거하는 정도의 전정이면 충분하며, 쇠퇴기에 접어들면 취약한 가지나 줄기 파손으로 인한 피해를 줄이는 관리가 필요할 것이다.

식재와 함께 장기 전정계획을 수립해야 한다

이처럼 나무를 튼튼하고 건강하게 키우기 위해서는 지속적인 전정이 필수적이기 때문에 나무 식재와 동시에 해당 수종의 특성이 고려된 전정 계획을 수립해야 한다. 특히 나무의 구조가 완전히 형성되기 전인 중년목(中年木, medium-aged tree)으로 성장할 때까지는 생장 단계별로 필요한 작업이 기술된 장기계획에 따라 전정을 실시해야 한다. 일반적으로 식재된 나무가 튼튼한 중년목으로 자라는 데는 30여 년 정도가 걸리기 때문에 이 기간 동안 계획적인 전정이 필요하며, 선진국에서도 이 정도의 장기계획 수립을 권장하고 있다.

이러한 장기계획을 가지고 있으면, 정기적으로 나무의 생장을 관찰하기 때문에 시기를 놓치지 않고 필요한 전정작업을 실시하게 되고, 예상하지 못한 환경변화에도 적절하게 대응할 수 있게 된다. 이러한 사전적이고 예방적인 관리는 해당 나무가 건강하고 튼튼하게 자라도록 도와줄 뿐만 아니라 문제가 커지기 전에 이를 바로잡음으로서 전반적인 관리비용을 절감하는 효과도 가져온다. 이렇게 잘 자란 나무는 오랜 기간 아름다움을 유지하면서 우리가 기대하는 편익을 충분히 제공해 줄 것이다.

그런데 우리의 현실은 어떠한가? 개인 정원에 식재된 일부 비싼 나무를 제외하면 사전 계획에 따라 전정을 실시하는 경우는 없다고 해도 과언이 아닐 것이다. 따라서 문제가 생겼을 때 사후적이고 반응적으로 전정 작업을 수행하기 때문에 굵은 가지나 줄기를 무리하게 제거할 수밖에 없게 된다. 더욱 우려스러운 것은 전문가임을 자칭하는 사람들이 이러한 잘못된 관행에 대해 올바른 대안을 제시하기는커녕 이를 주도하고 있다는 것이다.

35 올바른 전정을 위한 기초지식

1) 전정의 중요성

수목관리는 수종의 선정과 식재, 전정, 양분과 수분관리, 위해관리, 병해충관리 등 다양한 분야로 구성되어 있는데, 미국 도시들이 평균적으로 가로수 관리 예산의 40%를 전정에 배정하고 있고(Kielbaso, 1989), 미국 수목관리업체들은 농약살포(18%)나 나무 제거(16%)보다 전정(37%)을 통해 훨씬 많은 매출을 올리고 있다는(Abbott, 1977) 조사결과로 미루어볼 때 이들 분야 중에서 전정이 가장 중요한 위치를 차지하고 있다고 할 수 있다.

2) 전정의 득(得)과 실(失)

우리는 다양한 편익을 기대하고 도시 숲을 조성한다. 이러한 편익을 극대화하기 위해서는 나무를 구조적으로 튼튼하고 활력적으로 건강하게 육성해야 하는데, 앞서 언급한 바와 같이, 이 과정에서 전정이 중요한 역할을 수행하게 된다. 이처럼 나무를 튼튼하고 건강하게 관리하기 위해서는 전정이 불가피하지만, 전정은 잎과 가지 등 나무의 일부를 선택적으로 제거하는 수목 관리방법이기 때문에, 나무의 광합성 능력과 에너지 저장능력을 감소시키고, 가지가 제거된 곳에는 부후로 이어질 수 있는 상처를 유발하는 등 부작용도 피할 수 없다.

따라서 전정 작업은 전정이 나무에 주는 편익과 피해를 신중하게 고려하여 나무가 수용할 수 있는 범위 내에서 올바르게 수행되어야 할 것이다.

3) 올바른 전정을 위한 기초지식

이처럼 전정이 나무의 건강에 부정적인 영향을 미칠 수 있음에도 불구하고, 우리 주변에서는 나무로부터 너무 많은 가지를 제거하거나 굵은 가지를 무리하게 절단하여 아물기 어려운 커다란 상처를 만드는 등 그릇된 전정 관행을 반복하고 있다.

이러한 만성적인 그릇된 관행을 근본적으로 바로잡는 방법은, 다소 시간이 걸리겠지만, 전정의 기초가 되는 기본원리에 대한 업계 전반의 이해 증진이 선결과제라고 판단되어 전정에 관한 실무를 다루기에 앞서 이를 소개하고자 한다.

① 줄기와 가지의 연결형태와 영향

전정 작업을 통해 나무의 구조를 튼튼하게 구축하고 전정으로 인한 부후 피해를 최소화하기 위해서는 줄기와 가지가 어떻게 연결되어 있고, 이러한 연결이 부착 강도와 부후 저항성에 어떤 영향을 미치는가를 이해하는 것이 매우 중요하다. 이에 대한 이해가 부족하면 나무의 구조를 취약하게 하고 부후를 촉진하는 전정을 자행하게 된다.

일반적으로 줄기에 튼튼하게 연결된 가지의 연결부위는 그림 67에서 보는 바와 같이 중첩되는 과정을 거친다. 이러한 과정은 생육기 초기에 가지에서 자란 목재가 전년에 자란 수간의 목재 위로 자라면서 가지의 기부에 가지 깃(branch collar)을 형성하고 나면 생육기 후반에 수간 목재가 가지의 기부를 덮으면서 수간 깃(trunk collar)을 형성하는 식으로 진행된다.

나무가 자라면서 이러한 과정이 반복되어 누적되면 가지와 수간의 연결부위 아래쪽 조직이 솟아오르는 경우가 있는데, 이를 가지조직이 솟아올랐다고 하여 지륭(枝隆)이라고 부르고 있다. 그러나 이 부위는 가지조직과 수간조직이 중첩되어 있는 조직이고, 육안으로 구분할 수 없을 정도로 뚜렷하지 않은 경우도 많기

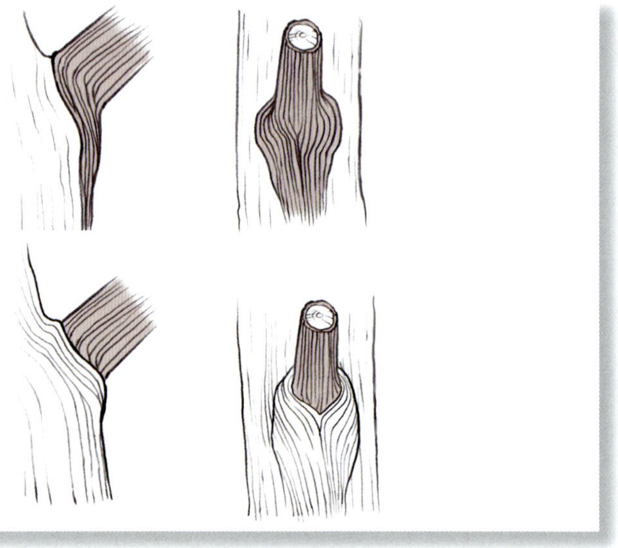

그림 67 생육기 초기에는 먼저 자란 가지조직이 줄기를 덮고(가지 깃, 위), 나중에 줄기조직이 자라서 가지조직을 감싸기(수간 깃, 아래) 때문에 튼튼하게 연결된다. (Shigo, 1989)

때문에, 이 조직의 형태를 나타내는 원래 용어인 branch collar를 직역하여 '가지 깃'이라고 부르는 것이 좋을 것으로 생각된다.

반면 줄기와 가지의 구분이 분명하지 않은 세력이 동일한 줄기가 연결되어 있는 부위에서는, 두 줄기가 동시에 자라기 때문에 가지의 기부와 같이 중첩된 조직이 발달하지 않는다(그림 68). 이러한 현상은 수간과 좁은 각도를 형성하면서 자라는 가지의 기부에서도 나타난다.

㉠ 연결형태와 강도

연결부위의 부착강도는 가지 깃과 줄기 깃의 발달정도에 달려 있는데, 이는 줄기와 가지가 이루는 각도(가지각도, branch angle)와 줄기 대비 가지의 상대적인 굵기(직경비율, aspect ratio)에 의해 결정된다. 일반적으로 가지각도는 90°에 가까울수록, 직경비율은 낮을수록 가지 깃과 줄기 깃이 잘 발달하기 때문에 연결부위의 부착강도가 강한 반면, 앞서 언급한 바와 같이 가지가 수간과 좁은 각도를 이루면서 자라거나 가지와 줄기의 세력이 비슷한 경우에는 중첩되는 깃이 발달하지 못하기 때문에 쉽게 찢어지게 된다.

따라서 수간을 따라 상대적으로 가는 가지가 수평에 가까운 각도로 부착되어 있으면 나무의 구조가 튼튼하다고 할 수 있는데, 이러한 구조는 소나무류나

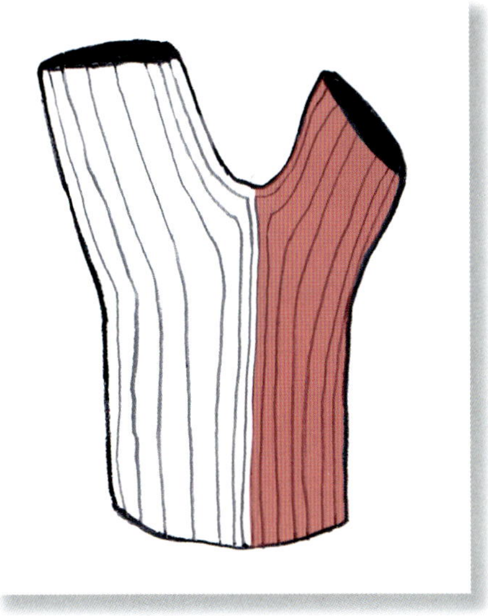

그림 68 세력이 동일한 줄기는 두 줄기가 동시에 자라기 때문에 서로 중첩되는 조직이 없어서 연결부위가 찢어지기 쉽다. (Gilman, 2013)

대왕참나무 등과 같이 원추형으로 자라는 수종에서 주로 나타난다. 반면 느티나무처럼 구형으로 자라는 수종은 수간의 아래에서부터 세력이 비슷한 가지가 좁은 각도로 발생하기 때문에 연결부위에 중첩되는 깃이 형성되지 못한다. 이러한 구조를 가진 연결부위는 직경이 굵어지면서 두 가지 사이에 수피가 매몰되어 연결이 더욱 약해지기 때문에 찢어지는 피해가 발생하기 쉽다(그림 69).

ⓛ 연결형태와 부후 저항성

자연 상태에서 생장하는 나무에서 피해가 가장 많이 발생하는 기관은 가지로서, 자신이나 주변의 나무가 만드는 그늘에 의해 고사되기도 하고 태풍이나 폭설 등 극한적인 기후로 인해 부러지기도 한다. 이에 따라 나무는 오랜 진화과정을 거치면서 가지 고사나 파손으로 인한 부후가 수간으로 확산되지 않도록 수간과 가지의 연결 부위에 미리 방어물질을 축적시켜놓고 있다.

이러한 연결부위의 부후 저항능력은 기본적으로 수종별 유전적 특성에 의해 결정되는데, 같은 수종 내에서는 가지와 줄기의 부착강도에 비례한다. 즉, 직경비율이 낮고 가지 각도가 90°에 가까워서 연결이 강한 부위는 부후나 변색이 상처 주위로 제한되지만, 상대적으로 굵은 가지나 동일세력 줄기의 연결부위에는 방어벽이 없거나 약하기 때문에 여기가 절단되면 변색부위가 수간 안쪽으로 쉽

그림 69 세력이 동일한 줄기의 연결부위는 매몰된 수피로 인해 부착 강도가 더욱 약해진다.

게 확산되어 부후피해를 입을 가능성이 높아지게 된다(그림 70).

이처럼 줄기와 가지의 연결형태는 나무의 구조와 전정 상처로 인한 부후에 결정적인 영향을 미치기 때문에, 이에 대한 올바른 이해는 부후를 최소화하면서 나무의 구조를 개선하는 전정의 기초가 될 것이다.

② **수목부후의 구획화**(CODIT)

나무에 상처가 발생하면 이 부위로부터 부후가 진행되는데 이를 효과적으로 방어하지 못하면 부후가 확산되어 죽게 될 것이다. 그러나 나무는 상처부위를 철저히 격리시켜 이로 인한 피해가 최소화되도록 하는 기작을 개발함으로써 수천 년을 살아가고 있는 것이다. 우리는 이를 수목부후의 구획화(CODIT, compartmentalization of decay in tree), 또는 짧게 CODIT 이론이라고 부르며, 최근에는 *decay*(부후)를 *damage*(손상)로 대체하여 좀 더 폭넓게 적용하기도 한다.

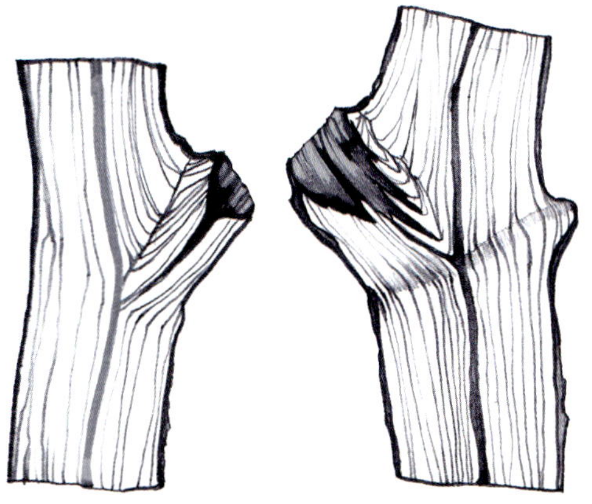

그림 70 가지가 상대적으로 가는 경우 가지보호지대가 잘 형성되어 있는 데 비해(왼쪽), 동일 세력 줄기는 그렇지 못해 절단 후에 변색부위가 수간 안쪽으로 깊이 확산된다(오른쪽). (Gilman, 2012)

CODIT 모델은 나무가 서로 다른 네 개의 경계(Wall이라고 부름)를 구축하여 상처부위를 상하/좌우/안팎으로 둘러쌈으로써 건강한 조직으로부터 격리시킨다고 설명한다(그림 71). 이들 경계는 Wall 1, Wall 2, Wall 3, Wall 4라고 불리는데, 이들은 화학적이고 물리적인 경계(chemical and physical boundary)로서 각각의 벽은 자신의 구조와 성분을 활용하여 부후균의 침투에 저항한다.

Wall 1은 상처를 통해 침입하는 부후 미생물이 목재의 상하로 확산되는 것을 막는 벽이다. 나무에 상처가 발생하면, 활엽수는 전충체(塡充體, tylosis), 검(gum), 과립 물질, 페놀 등으로 도관 세포를, 침엽수는 수지(resin)나 테르펜 등으로 가도관 세포를 각각 채움으로써 이 벽을 형성한다. 그러나 이 벽은 시간이 경과하면서 수분이 증발하면 쉽게 허물어지기 때문에 가지제거로 인해 생기는 상처는 아래쪽으로, 수간에 생긴 상처는 상하로 긴 부후 기둥이 형성되는 것을 볼 수 있다.

Wall 2는 목재의 중심을 향해 안쪽으로 이동하는 부후 유발 미생물의 전진을 억제하는 벽이다. 이는 두 나이테 사이의 경계에 존재하는 살아 있는 종축 유세포에 의해 구축되는데, 이 유세포가 곰팡이를 억제하는 유독한 화합물을 생산하기 때문이다. 이로 인해 상처로 인한 부후나 변색이 연륜 사이에서 멈춘 것처럼 보이게 되는데, 이 벽 또한, Wall 1보다는 강하지만, 종축 유세포의 활력이 부후 확산을 효과적으로 저지할 정도로 강하지 못하기 때문에 시간이 지나면 상처 안쪽 조직이 무너지게 된다.

Wall 3은 부후가 수간의 좌우 둘레로 퍼지지 않도록 저항하는 벽인데, 이 역할은 형성층 바깥 사부(篩部, phloem)로부터 목재의 중심을 향해 뻗어 있는 방사조직(放射組織, ray)이 맡고 있다. 방사조직은 사부로부터 에너지를 공급받고 있기 때문에 부후 미생물이 쉽게 통과하지 못한다. 따라서 비교적 오래된 상처를 보면 방사조직의 경계를 따라 목재 내부 깊은 부위까지 변색되지 않은 건전한 조직이 유지되고 있음을 볼 수 있다(그림 71). 그러나 좌우 경계를 구축하고 있는 방사조직은 수직의 폭이 좁기 때문에, 목재 내 중첩해서 존재하고 있지만, 부후균의 확산을 완벽하게 차단하지는 못한다.

이처럼 상처 안쪽의 목재가 형성하는 Wall 1, 2, 3 세 유형의 벽이 모두 돌파되면 부후가 확산되는데, 이러한 부후가 나무를 쓰러뜨리지 못하고 수간의 내부로 제한되어 상하로 긴 공동을 형성하는 것은 Wall 4 때문이다.

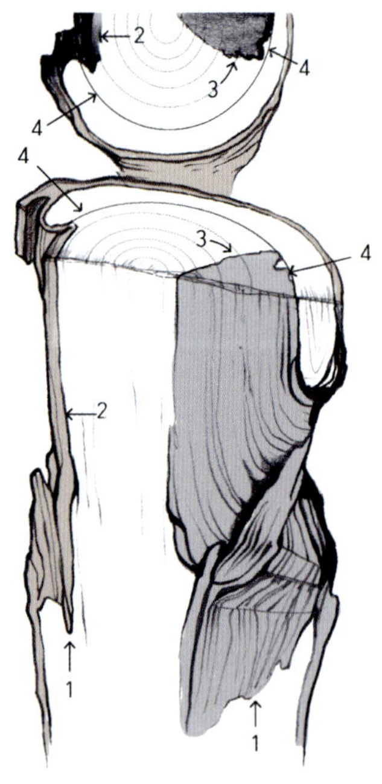

그림 71 나무가 상처부위를 격리시키고 있는 모습. 숫자는 CODIT 모델에서의 Wall 번호를 나타낸다 (Shigo, 1989).

Wall 4는 상처로 인한 변색과 부후가 상처 발생 이후 새로이 만들어지는 조직으로 확산되는 것을 막는 가장 강력한 방어벽이다. 이 벽은 형성층에 의해 상처가 발생하는 당시에 존재하는 가장 바깥 나이테의 가장자리를 따라 만들어지고, 시간이 흐르면서 변색과 부후가 확산되면 수간의 둘레와 상하로 확대되어 파이프 모양의 튼튼한 벽을 구축하여 새로운 조직을 보호하게 된다. 나무는 이 방어벽 덕분에 상처 발생 후 만들어진 새로운 목재가 건전하게 유지되어 상처가 발생하기 전에 만들어진 목재가 모두 부후되어 없어져도 새로운 목재에 의해 수간이 파이프처럼 유지되어 살아가게 된다.

상처의 구획화는 에너지 다소비 기작이다.

나무가 상처를 구획화하여 기존의 조직을 포기하고 새로운 조직을 보호하는 것은 오래 살기 위한 전략으로, 마치 도마뱀이 몸통을 살리기 위해 꼬리를 자르고 도망가는 것과 같다. 나무는 이러한 구획화를 통해 삶을 이어갈 수는 있지만 이로 인한 에너지 손실이 막대하여 생장이 크게 위축되는 피해를 입게 된다.

나무의 이 구획화 기작은 동물이 상처를 원상회복하는 것보다 에너지를 상대적으로 적게 필요로 한다. 그럼에도 불구하고 나무는 Wall 1~4을 통해 부후를 저지하는 데 힘겨워하고 있으며, 특히 Wall 4는 이를 구성하고 있는 조직이 정상적인 목재와는 그 형태나 기능이 판이하여 이를 생산하는데 엄청난 에너지를 소비하게 된다.

이에 더하여 Wall 4 안쪽에 위치한 목재에는 더 이상 에너지를 저장하지 못할 뿐만 아니라 여기에 저장된 에너지도 꺼내 쓰는 것이 불가능하기 때문에 에너지 저장 능력과 비축량이 크게 감소하는 문제가 발생한다.

따라서 전정을 통해 나무를 튼튼하고 건강하게 관리하기 위해서는 나무가 스스로 아물기 어려운 상처를 만들지 않도록 유의해야 할 것이다.

상처의 구획화 능력은 다양한 요인에 의해 결정된다.

나무가 상처를 구획화하는 능력은 개체별로 상이한데, 이는 앞서 언급한 가지와 줄기의 연결 유형, 수종, 수령, 해당 나무의 활력 등에 의해 결정되는데, 구획화 능력이 강한 구조는 바람직한 가지와 줄기의 연결 형태는 90°에 가까운 각도를 이루면서, 가지의 굵기가 줄기 굵기의 1/2 이하로 유지되는 것이다.

이런 형태로 연결된 가지는 줄기에 강하게 부착되어 있고, 연결부위에 방어물질이 충분히 축적되어 있기 때문에, 좀처럼 찢어지지 않고 가지 제거로 상처가 발생하더라도 쉽게 유합되고 부후와 변색이 최소화된다.

나무의 구획화 능력은, 일반적으로 수명이 짧은 관목보다 오래 사는 교목이 우수하며, 교목 내에서는 수종에 따라 차이가 크다. 교목의 구획화 능력은 새살(woundwood) 형성 능력과 목재의 부후 저항성에 의해 결정되는데, 새살이 빨리 자라면 상처를 빨리 유합하기 때문에 피해가 적으며, 목재의 부후저항성이 높은 나무는 절단면의 목재가 오랫동안 강도를 유지하고 있기 때문에 다소 큰 상처도 공동이 생기지 않고 유합된다.

예를 들면, 양버즘나무나 느티나무는 새살이 빨리 자라나오고 목재의 부후 저항력도 상대적으로 높기 때문에 다소 굵은 가지를 절단하더라도 상처가 잘 아물지만(그림 72), 단풍나무나 버드나무는 새살이 자라나오기 전에 상처부위의 목재가 부후되기 때문에 아물지 못하고 공동이 발생하게 된다(그림 73). 반면 소나무는, 새살이 빨리 자라지는 않지만 상처부위에 송진이 집적되어 오랜 기간 부후되지 않기 때문에 수간에 공동이 발생하는 경우는 드물다.

수령과 활력도 구획화 능력에 영향을 미치는데, 어린 나무와 활력이 좋은 나무는 노쇠목이나 스트레스로 활력이 떨어진 나무보다 새살 형성 능력과 목재의 부후 저항력이 높기 때문에 상처를 더 잘 구획화할 수 있다.

따라서 전정작업을 수행할 때에는 이상에서 살펴본 해당 나무의 구획화 능력을 고려하여 절단하는 가지나 줄기의 굵기를 결정해야 하는데, 우리는 강전정이라는 이름으로, 그리고 이식 스트레스에 시달리는 이식목에 대해 정체불명의 T/R율을 맞추어야 한다는 믿음 때문에 줄기와 굵은 가지를 무차별적으로 두절함으로써 아물지 못하고 썩어가는 상처를 양산하고 있다.

36 최선의 전정전략은 전정을 하지 않는 것이다

전정도 다른 수목관리 작업과 마찬가지로, 나무를 구조적으로 튼튼하고 활력적으로 건강하게 유지관리하기 위해 실시한다. 그런데 전정은 나무의 일부를 선택적으로 제거하는 관리 작업이기 때문에, 이로 인해 나무는 에너지를 만드는 잎과 이를 저장하고 있는 줄기를 잃게 되고, 제거된 부위에는 에너지를 소비하면서 유합해야 하고 부후가 시작될 수 있는 상처가 발생하게 된다.

이렇듯 나무의 관점에서 볼 때 전정은 에너지의 상실과 소비가 수반되는 작업이기 때문에, 전정 작업의 강도가 낮을수록, 횟수가 적을수록 건강하게 그리

그림 72 느티나무는 새살이 빨리 형성되고 목재의 부후저항성이 높아 다소 큰 상처도 잘 유합한다.

그림 73 단풍나무는 새살이 자라나오기 전에 상처부위 목재가 부후되기 때문에 상처가 크면 아물지 못하고 공동이 생긴다.

고 오래 살 수 있을 것이다. 따라서 최선의 전정 전략은, 역설적이게도 전정 작업을 최소화하는 것이라고 할 수 있다.

전정 작업을 최소화하는 방법

① 부지 환경에 적합한 수종을 선정하라.

식재 부지의 환경에 적합한 수종을 선정하여 식재하는 적지적수(適地適樹; right plant in the right place)는 그 중요성을 반복해서 언급한 바 있는데, 이를 전정 작업의 관점에서 다시 한 번 강조하고자 한다.

전정 작업을 최소화하기 위한 수종 선정은, 부지의 규모와 나무로부터 기대하는 편익에 적합한 수종군을 결정한 다음 이들 수종 중에서 최소한의 전정으로도 튼튼하게 자라는 수종을 선정하는 두 단계로 진행된다. 예를 들면, 부지의 크기에 따라서는 식재 공간이 넓으면 대교목, 좁으면 관목이나 소교목을, 식재 목적에 따라서는 큰 그늘이 필요하면 구형으로 자라는 교목, 겨울철 찬바람을 차단하고자 한다면 상록의 원추형 교목 등을 대상으로 수종을 선정하면 될 것이다.

이렇게 식재할 나무의 크기와 수형이 정해지면, 이들 집단에 속하는 수종 중에서 최소한의 전정으로도 튼튼한 구조를 형성하는 수종을 선발하여 식재하면 된다. 일반적으로 원추형으로 자라는 수종은 전정을 하지 않아도 튼튼한 구조로 자라지만(그림 74), 구형으로 자라는 수종은 세력이 비슷한 줄기와 가지를 많이 만들기 때문에 주기적인 구조전정이 필요하다(그림 75).

수종을 선정할 때 유의해야 할 점은 해당 수종이 성목이 되었을 때의 크기를 기준으로 결정해야 한다는 것이다. 좁은 공간에 어린 교목을 식재하면 해당 나무가 자라면서 계속 문제를 일으키기 때문에 지속적으로 축소전정을 해주어야 하는데, 이는 우리 주변에서 흔히 볼 수 있는 사례이다.

② 튼튼한 어린 나무를 식재하라.

유전적으로 튼튼한 구조를 형성하는 수종일지라도 한번 수형이 파괴되면 장기간에 걸친 전문가의 노력으로도 바로잡기 어렵기 때문에, 처음부터 수형이 좋고 튼튼한 나무를 구매하여 식재하는 것이 매우 중요하다.

구조적으로 튼튼한 나무가 되기 위해서는, 상처나 결함이 없는 하나의 수간이 수관의 끝까지 연장되어 있고, 이를 따라 일정한 간격으로 가지가 배치되어 있으며, 뿌리가 맴돌지 않고 방사상으로 잘 뻗어 있어야 한다. 그런데 이미 크게

그림 74 구조 전정 없이 튼튼한 구조를 형성하는 대표적인 원추형 수종인 메타세쿼이아.

그림 75 수간이 기부에서 세력이 동일한 줄기들이 좁은 각도로 발생하여 구조전정이 필요한 계수나무.

자란 나무는 이식 과정에서 수간에 상처가 발생하고 가지가 제거되거나 부러지는 등의 중대한 결함이 발생하여 이러한 조건을 충족시킬 수 없다. 그러나 어린 나무는 취급이 용이하고 활력도 왕성하기 때문에 이를 식재하면 결함이 없는 상태에서 왕성하게 잘 자라게 될 것이다.

그러나 아직도 식재에 필요한 나무를 공급하는 농장에서는 구조적인 결함을 유발시키는 방법으로 나무를 키우고 있기 때문에 식재할 나무를 구매할 때 세심한 주의가 필요하다. 그릇된 전정 작업의 대표적인 사례는 두절(頭切, topping/heading)로서, 출하시기를 놓친 나무의 줄기를 일정한 높이에서 절단하여 수고를 대폭적으로 낮추는 것이다.

이렇게 하면 절단된 부위에서 맹아가 발생하여 원하는 높이의 나무를 확보할 수 있지만, 절단 부위는 아물지 못하기 때문에 수간의 내부가 부후하게 되고, 새로이 발생한 맹아는 절단 이후 자란 수간의 바깥쪽 조직에 얇게 부착되어 있기 때문에 태풍이 불면 수간이 부러지거나 맹아 발생 부위가 찢어지는 피해가 발생하게 된다(그림 76).

그림 76 두절된 부위에서 부후가 시작되고 맹아지가 약하게 부착된 구조적인 결함을 가진 나무가 농장에서 출하되어 식재되고 있다.

③ **전정은 어릴 때부터 시작하여 계획적으로 실시하라.**

나무를 전정하는 가장 중요한 목표 중 하나는 튼튼한 구조(strong structure)를 창출하며, 유지하고, 발달시키거나 회복시킴으로써 파손의 위험성과 장기적인 유지관리 비용을 줄이는 데 있다고 할 수 있다. 이러한 목표는 나무의 체계가 튼튼하게 형성되도록 유도하고, 파손이 발생할 수 있는 여건을 제거하는 전정 작업인 구조전정을 통해서 달성할 수 있을 것이다.

이를 위해서는 일부 측지나 줄기가 너무 빨리 자라서 구조를 파괴하는 것을 사전에 방지해야 하기 때문에, 식재할 때부터 성목에 이르기까지 20~40년에 걸친 장기적이고 예방적인 전정계획을 수립하여 규칙적으로 수행해야 한다. 이러한 예방적인 전정이 비용 낭비적이라고 생각할지 모르지만, 식재한 나무를 방치한 후 일률적으로 굵은 가지와 수간을 제거함으로써 발생할 수 있는 다양한 결함으로 인한 손실을 고려하면 타당성을 입증하는 데 어려움이 없을 것이다.

④ **과다한 영양공급을 자제하라.**

도시 토양은 다양한 기반조성 공사로 인해 크게 교란되어 있고, 유기물이 부족하여 나무가 자라기에는 열악한 여건이다. 이에 따라 나무를 식재하기 전에 토양을 개량하는 조치를 취하거나, 활착된 이후에 추가적인 시비를 실시하는 사례가 많다. 그러나 일반적으로 식재지 토양의 문제를 정확하게 분석하고 이에 적합한 조치를 취하는 것이 쉬운 일이 아니기 때문에 이러한 개량 활동들이 자칫 영양의 과다공급이나 불균형으로 이어질 수 있다.

해당 식재지 토양이 필요로 하는 양 이상으로 영양분이 공급되면, 가지가 전반적으로 웃자라게 되는데, 이러한 가지들은 수직으로 가늘게 자라서 줄기와의 부착 각도가 좁아 수피가 매몰되고, 무게가 줄기의 끝에 집중되기 때문에 쉽게 찢어지거나 부러진다. 따라서 이러한 문제를 해결하기 위해서는 계획에 없던 구조전정을 실시해야 하는 등 추가비용이 발생하게 된다.

한편, 나무는 주어진 토양 환경에 순응하면서 살아가는 능력이 있기 때문에, 교란되고 척박한 도시 토양에서도 큰 문제없이 살아간다. 지금까지의 경험에 비추어보아도, 도시에 식재된 나무에서 발생한 문제는 주로 그릇된 전정, 배수 불량, 생육 공간 부족 등에 기인하는 경우가 대부분이며, 영양부족이 원인인 경우는 매우 드물다. 따라서 생육불량의 원인이 부족한 영양 때문이라는 명확한 진단이 나오기 전에는 도시수목에 대한 시비를 삼가는 것이 좋을 것이다.

이상의 몇 가지 원칙을 준수하면 전정 작업에 대한 부담을 낮추면서도 나무를 건강하게 관리할 수 있을 것이다.

37 전정은 언제 하는 것이 좋은가?

전정의 적기는 수종, 나무의 생장 단계, 전정을 실시하는 목적, 생육환경, 식재된 나무로부터 기대하는 편익 등에 따라 다를 수 있다. 그런데 이러한 범주별 전정 시기에 대해서는 연구가 충분하지 못하여 의견을 통일하는 데 어려움이 있기 때문에, 여기서는 일반적으로 받아들여지고 있는 범주별 전정 적기에 대해 살펴보고자 한다.

1) 일생 중 전정 적기

나무를 구조적인 면에서 튼튼하고 활력적인 면에서 건강하게 키우기 위해서는 어릴 때부터 전정을 시작해야 한다. 즉, 어떤 수종이든 전정을 시작하기에 너무 이른 경우는 없다. 어린 나무를 키우는 농장에서는 해당 나무가 어디에 식재되어 어떤 편익을 제공해야 하는가를 확인한 다음 이러한 기대를 효과적으로 충족시킬 수 있도록 구조를 유도해주어야 한다.

특히 느티나무류처럼 구형으로 자라는 습성을 가진 나무는 발아 직후부터 중앙 주지를 육성하는 정지(整枝, training)를 해주지 않으면 원하는 지하고를 확보하기 어려울 것이다. 또한 격자시렁(espalier), 토피아리(topiary), 가지 엮기(pleaching) 등과 같이 나무의 형태를 인위적으로 아름답게 변형하고자 하는 경우에도 가지와 줄기가 너무 굵어지기 전에 원하는 형태를 구축해야 한다.

이렇게 어릴 때 구조가 튼튼하게 유도된 나무는 우리에게 편익을 제공하면서 일생을 건강하게 살아가겠지만, 구조를 바로잡을 수 있는 시기를 놓친 나무는 결함을 가진 채 생장하여 인명이나 재산에 피해를 줄 수 있는 위해한 나무가 될 수 있다.

2) 연중 전정 적기

해당 나무의 생장에 도움을 주거나 1~2년생 가지를 가볍게 제거하는 전정 작업은 적기가 따로 없다. 즉, 죽었거나 죽어가는 가지, 병든 가지, 부러진 가지 등을 제거하거나, 구조 개선을 위해 가는 가지를 10% 미만 제거하는 가벼운 전정 등은 연중 언제든지 실시해도 좋다. 그러나 생장이 활발한 일정 굵기 이상의 살아 있는 가지를 제거할 때에는 나무의 생장에 미치는 영향과 상처의 유합 속도를 고려해야 한다.

외국의 연구 사례를 종합해보면, 살아 있는 가지는 생육 초기의 생장 분출이 끝나고 잎이 짙은 녹색으로 바뀐 이후인 늦봄이나 여름이 전정하기에 가장 좋은 시기인 것으로 나타났다(Gilman, 2013). 중부 유럽에서의 연구결과도 여름철 전정이 휴면기 전정보다 부후가 적게 나타났는데, 이는 여름철에 나무의 방어능력이 가장 강하기 때문이다.

우리나라의 경우, 필자가 단풍나무와 스트로브잣나무를 대상으로 한 실험결과에 의하면, 상처의 유합속도는 초봄(3월초)과 늦봄(5월 중순) 전정이 가장 빨랐고, 휴면초기(11월말)가 가장 부진하였으며, 한여름(7월 중순)과 늦여름(9월 초) 전정은 중간 정도로 나타났다. 전정 상처 내부의 변색정도(단풍나무)는 한여름과 늦여름 전정이 가장 낮고, 늦봄, 초봄, 휴면초기의 순으로 나타나 유럽에서의 연구와 같이 여름철에 나무의 방어력이 가장 높음을 알 수 있다. 그리고 전정으로 인해 노출된 형성층이 고사하여 후퇴하는 정도는 휴면초기, 초봄, 한여름, 늦봄/늦여름의 순이었다.

이를 종합하면, 3월에서 5월까지 전정하면 상처가 가장 빨리 유합되고, 여름철에 전정하면 상처 유합속도는 다소 느리지만 부후 진행을 최소화할 수 있으나, 휴면기 초기에 전정하면 상처로 인해 노출된 형성층이 고사하면서 상처부위가 확대되어 유합속도도 느리고 부후도 빠르게 진행될 가능성이 높으므로 피해야 한다.

그리고 느티나무나 단풍나무처럼 연중 자유 생장하는 수종을 늦여름/초가을에 전정하면 신초생장을 자극하거나 휴면을 지연시킬 수 있고, 이때 발생한 신초는 수분함량이 높아 첫서리나 겨울철 추위에 피해를 입을 수 있기 때문에 주의하여야 한다. 또한 나무의 생체에너지가 최저가 되는 5월 말부터 6월 초에 과도하게 줄기나 가지를 제거하는 강전정을 실시하면 나무가 고사할 수 있으므로 지극히 조심해야 한다(그림 77, 78).

한편, 생장이 시작되는 초봄에 단풍나무류나 자작나무류를 전정하면 상처부위에서 수액이 흘러나와 수피가 얼룩져서 보기에 좋지 않고 나무에 부정적인 영향을 미칠 것을 우려하여 이 시기에 전정을 꺼리는 경우가 있다(그림 79). 그러나

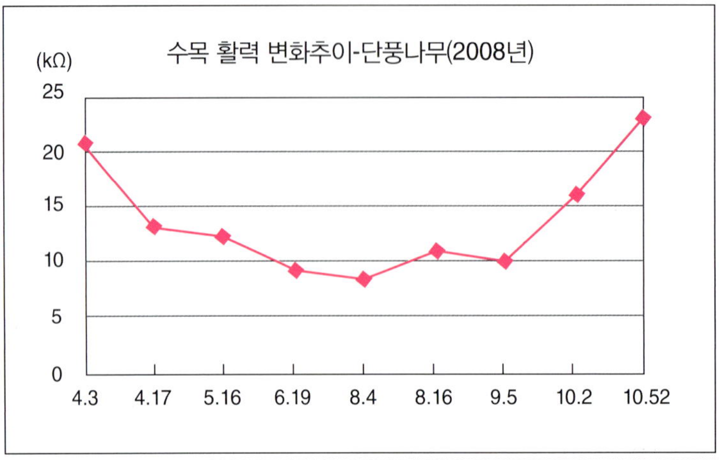

그림 77 새로운 잎과 줄기의 발생이 활발한 5월 중순에 단풍나무의 활력 개선이 주춤하는 것을 볼 수 있다. (주: 형성층의 전기저항치 변화를 나타낸 그래프로 저항치가 낮을수록 활력이 좋음)

그림 78 나무의 생체에너지가 가장 낮은 5월 말에 과도하게 전정되어 고사한 메타세쿼이아.

그림 79 단풍나무류와 자작나무류 등은 늦겨울에서 초봄에 전정하면 수액이 유출된다.

이러한 수액 유출이 나무의 생장에 영향을 주는 것은 아니기 때문에 이들 수종에 대한 봄철 전정은 문제가 없으며, 도리어 흘러나오는 수액은 절단부위에 대한 곰팡이 감염을 최소화할 수 있는 이점이 있다. 이러한 수액유출을 피하고 싶다면 잎이 완전히 전개된 이후 초여름이나 한여름에 전정하면 된다.

3) 생장조절을 위한 전정 시기

나무는 전정을 하지 않을 때 가장 빨리 자라지만, 이렇게 방치하면 구조적으로 취약한 상태로 생장할 수 있기 때문에 특히 도시수목에 대해서는 튼튼한 구조를 구축하기 위한 구조전정이 필요하다. 따라서 나무가 튼튼하면서도 빨리 자라기를 원한다면, 초봄 생장분출기 직전에, 가능하면 적은 양의 가지나 잎을 제거하는 방법으로 실시하는 것이 좋다.

반면, 생장을 억제하여 나무를 작게 유지시키고자 한다면, 잎이 완전히 전개되어 진녹색으로 변한 후에 전정하여 광합성 능력과 에너지 저장능력을 감축시켜주면 된다. 이러한 전정은 건강하고 활력이 좋은 어리거나 중년의 나무에 적용해야 하며, 수세가 약하거나 노쇠한 나무에 적용하면 고사를 앞당길 수 있다.

4) 꽃이 피는 나무의 전정 시기

꽃을 감상하기 위해 식재한 나무는 꽃을 피울 눈이 제거되지 않도록 꽃눈이 분화되기 전에 전정해야 하는데, 꽃눈의 분화 시기는 수종에 따라 다르기 때문에 전정에 앞서 이를 확인해야 한다.

일반적으로 목련류, 배나무, 철쭉류, 벚나무류 등과 같이 이른 봄에 꽃이 피는 나무는 꽃눈이 전년도 여름에 형성되기 때문에 꽃이 지고난 후 바로 필요한 전정 작업을 수행해야 하며(그림 80), 배롱나무, 무궁화 등과 같이 여름에 꽃이 피는 나무는 당년에 발생한 신초에서 꽃눈이 형성되기 때문에 초봄에 전정해도 꽃을 감상하는 데는 문제가 없다.

우리는 여름에 꽃이 피는 배롱나무나 모감주나무의 줄기를 두절(頭切, heading) 하는 경우를 흔히 볼 수 있는데, 이렇게 하면 잠아에서 발생한 신초에서, 전정을 하지 않은 경우보다, 송이가 큰 꽃을 피우게 된다. 그러나 이렇게 과도한 전정은 수형을 크게 훼손할 뿐만 아니라 나무에 심각한 스트레스를 주어 겨울에 지상부가 고사하는 피해를 초래할 수 있기 때문에 주의해야 한다.

그림 80 꽃눈 분화가 끝난 늦가을에 깎기 전정을 하여 이듬해 봄에 탐스런 꽃을 볼 수 없게 된 백철쭉.

4) 전정 주기

전정 작업은 일정한 간격을 두고 주기적으로 문제발생 요인을 사전에 제거하는 예방적(豫防的, preventive)인 방법으로 실시해야 하지만, 우리는 문제가 발생하면 이를 그릇된 강전정으로 해결하는 반응적(反應的, responsive)인 방법을 택하고 있다.

전정 주기 또한 전정 시기와 마찬가지로 수종, 기후 조건, 생장 단계 등에 따라 차이가 크기 때문에 하나의 전정 주기를 일률적으로 적용하기는 어렵다. 일반적으로 따뜻한 지방에서는 추운 지방보다, 빨리 자라는 수종은 생장이 느린 수종보다, 어린 나무는 다자란 성목보다 각각 짧은 전정 주기를 적용해야 할 것이다.

어린 나무를 키우는 농장에서는 생장을 조장하고 맹아발생을 최소화하기 위해 주기적으로 전정을 실시하고 있는데, 온대지방에서는 묘목의 생장 단계에 따라 첫해에는 연 1회, 2차와 3차 연도에는 연 2회, 이후에는 매년 1회 정도 실시하는 것이 일반적이다.

반면, 경관에 식재되어 있는 교목의 경우, 수종과 생장 단계에 따라 전정 주기의 변이가 매우 큰데, 온대지방에서는 5년 이상 방치하면 심각한 구조적인 문제가 발생할 수 있기 때문에 5년 내외의 주기로 이들 나무에 대한 전정 계획을 수립하여 실행하는 것이 좋다.

38 전정 절단의 세 가지 유형

우리 주변에서 여러 가지 전정 작업이 수행되고 있지만, 전정 절단은 그 방법의 옳고 그름을 불문하고, 크게 세 가지 유형으로 구분할 수 있다. 이들은 제거절단, 축소절단, 두절 등인데, 각 절단 유형의 뚜렷한 차이만큼이나 이로 인한 나무의 반응과 나무에 미치는 영향 또한 상이하다(표 3).

제거절단(除去切斷, **removal cut**). 수간이나 모지(母枝, parent branch)로부터 가지를 제거하는 절단방법으로, 가지 깃(branch collar, 지륭이라고도 함)의 바로 바깥에서 가지를 제거하기 때문에 깃 절단(collar cut)이라고도 부른다(그림 81, 왼쪽). 이 절단방법은 주로 수관의 밀도를 낮출 때 사용하는 방법으로, 맹아지 발생 등 나무에 부정적

표 3. 전정 절단 유형별 나무의 반응과 나무에 미치는 영향

절단 유형	나무 반응과 영향				
	맹아지 유발	수관 밀도	수관 크기	피소 가능성	나무 건강
제거절단	낮은	감소	불변	낮음	개선
축소절단	다소 높음	감소	감소	보통	다소 악화
두절	매우 높음	급감 후 급증	크게 감소	매우 높음	크게 악화

인 반응을 유발하지 않으면서 건강에 도움을 줄 수 있기 때문에 권장되는 방법이다.

축소절단(縮小切斷, reduction cut). 제거절단과는 달리 측지(側枝, lateral branch)를 남기고 줄기나 모지를 제거하는 방법으로, 측지절단(側枝切斷, lateral cut)으로도 부른다(그림 81, 가운데). 이 절단방법은 가지나 줄기의 길이를 축소하기 위해 실시하는데, 이때 주의할 점은 남겨질 측지의 굵기가 제거되는 줄기나 모지 대비 일정 수준 이상 되어야 한다는 것이다.

축소절단을 실시하면 나무의 크기가 줄어들기 때문에 맹아지 발생과 피소 가능성이 증가하고 나무의 건강도 다소 악화될 수 있다. 그러나 나무의 구조를 바로잡기 위해 필요하다면 불가피한 전정 절단이라고 할 수 있다.

두절(頭切, heading cut). 인접한 측지의 위치, 제거될 줄기나 가지의 굵기 등을 고려하지 않고 줄기나 가지의 길이를 축소하는 절단방법이다(그림 81, 오른쪽). 어느

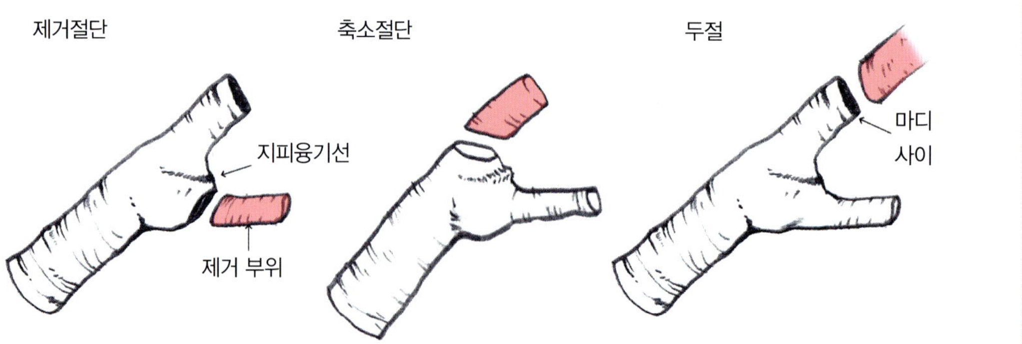

그림 81 전정 절단의 세 가지 유형. (Gilman, 2013)

정도 자란 나무를 대상으로 이렇게 나무의 구조나 방어능력을 무시하고 줄기와 가지를 절단하면, 절단부위에서 부후가 시작되고, 수관의 대부분이 제거되면서 축소되어 피소가 발생할 수 있고, 제거된 잎을 복원하기 위해 맹아지를 키우는 과정에서 저장된 에너지를 소진하기 때문에 나무의 수세가 크게 약화되는 등 다양한 피해가 발생한다.

앞으로 이들 세 가지 절단유형에 대한 올바른 작업방법과 우리의 그릇된 관행으로 인한 문제점을 살펴보고자 한다.

1) 제거절단

제거절단은 수간으로부터 굵은 가지(limb)를 제거하는 것, 주 가지로부터 측지를 절단하는 것, 굵은 가지에서 가는 가지를 절단하는 것 등이 여기에 속한다. 따라서 제거절단 후 남겨지는 줄기의 직경은 제거되는 가지보다 훨씬 굵은 것이 일반적이다.

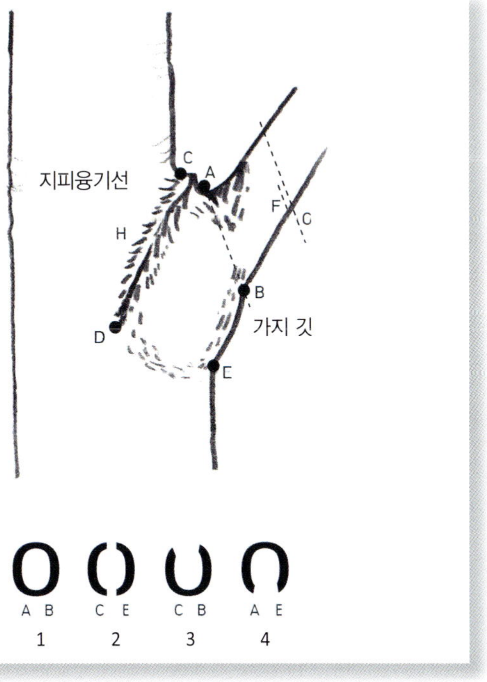

그림 82 올바르게 절단하면 유합조직이 고루 형성되지만(1), 절단과정에 지피융기선이나 가지 깃이 제거되면 절단된 부위의 유합이 지연된다(2, 3, 4). (Shigo, 1989)

① 올바른 제거절단

제거절단을 올바르게 수행하기 위해서는 앞서 올바른 전정을 위한 기초지식에서 설명한 바 있는 줄기와 가지의 연결부위 조직에 대한 올바른 이해가 필요하다. 제거절단은 개념적으로, 그림 82의 1과 같이, 지피융기선의 바깥으로부터 가지 깃(branch collar)의 상단에 이르는 가상선(AB)을 따라 절단하는 것이라고 할 수 있다.

이렇게 지피융기선과 가지 깃을 보호하는 것은 이 두 조직이 모두 줄기 조직을 포함하고 있기 때문이다. 지피융기선을 자세히 보면 가운데 골짜기를 중심으로 양쪽에 수피가 솟아올라 있는 것을 볼 수 있는데, 이는 줄기와 가지가 직경생장을 하면서 두 수피가 충돌하기 때문이다. 즉, 가지 쪽에 솟아오른 것은 가지의 수피이고 줄기 쪽에 솟아오른 것은 줄기의 수피이기 때문에 지피융기선의 안쪽을 절단하면 줄기 조직을 훼손하게 되는 것이다.

가지 깃도 마찬가진데, 가지 깃은 줄기 깃(stem collar)과 가지 깃이 순차적으로 발생하면서 중첩되어 형성되기 때문에 가지 깃을 제거하면 가지 깃의 일부를 구성하고 있는 줄기 조직도 제거하는 결과가 된다. 따라서 이들 두 조직을 훼손하지 않으면서 가지를 제거하는 것이 올바른 제거절단인 것이다.

그러나 현장에서 실재로 전정 작업을 수행하기 위해 가지 연결부위를 살펴보면 가지 깃이 선명하게 보이는 경우는 거의 없기 때문에 지피융기선의 바깥 가장자리에서 적절한 각도로 바깥쪽을 향해 비스듬히 절단하는 것이 일반적이다. 한편, 소나무를 비롯한 침엽수와 활엽수 중에서 원추형으로 자라는 대왕참나무 등은 가지 깃이 동그랗게 수간과 평행하게 형성되기 때문에 가지 깃을 따라 수직으로 절단하면 된다.

한손으로 지지하기 어려운 굵은 가지를 제거해야 하는 경우에는, 절단할 부위로부터 30cm 정도 위쪽에서 예비절단(그림 82의 F, G)을 실시하여 제거될 가지의 무게를 대부분 제거한 다음 남은 가지를 잡고 절단해주어야 한다.

이렇게 올바른 방법으로 가지를 제거하면 상처 가장자리의 형성층에서 둥근 새살이 같은 두께로 형성되어 상처를 완전히 감싸게 된다(그림 82의 1).

② 그릇된 제거절단

제거절단을 할 때 저지르기 쉬운 잘못은 줄기조직의 일부까지 함께 제거하거나 가지의 일부를 남겨두는 것이다. 줄기조직을 함께 제거하는 절단 중에서 지피융기선 안쪽에서 수간과 평행하게 절단하여 가지 깃까지 제거하는 것을 평

그림 83 제거절단을 할 때 남겨진 가지터기는 유합을 가로막고, 죽은 터기에서 시작된 부후는 수간 깊이 확산되는 통로가 된다.

절(平切, flush cut)이라고 하고(그림 82의 2), 가지 조직의 일부를 남겨두는 것을 가지터기 절단(stub cutting)이라고 부른다(그림 83).

절단 과정에서 줄기조직이 포함되어 있는 지피융기선이나 가지 깃이 제거되면 두 가지 문제점이 발생한다. 하나는 올바른 절단에 비해 상처가 상대적으로 클 뿐만 아니라 지피융기선이나 가지 깃이 훼손된 부위에서는 유합조직 형성이 부진하기 때문에(그림 82의 2, 3, 4) 이를 유합하는데 더 많은 시간이 소요되고, 이로 인해 부후균에 노출되는 시간이 길어지게 된다. 또한 가지와 줄기의 연결부위인 가지 깃에 집중되어 있는 가지보호지대를 제거함으로써 부후균의 침입을 쉽게 허용하게 된다.

이에 따라 나무는 상처 유합은 물론 상처 부위를 침입하는 병원체에 저항하기 위해 추가적인 에너지를 소비하게 되고, 부후 저항성이 낮은 상처가 장기간 부후균에 노출되어 있기 때문에 공동이 발생하여 치유할 수 없는 결함이 발생하게 된다.

최근에는 제거절단이 전반적으로 올바른 방법으로 이루어지고 있지만, 아직도 근절되지 않고 있는 것이 제거절단을 할 때 가지의 일부를 남겨두는 것이다

(그림 83). 이러한 가지터기 절단은 한때 올바른 가지 제거 관행으로 널리 시행되었는데, 이렇게 남겨진 죽은 가지는 줄기가 죽은 부위를 유합하는 것을 가로막고 있기 때문에, 가지터기에서 시작된 부후가 수간 깊숙이 확산되는 통로역할을 하여 나무에 큰 피해를 주게 된다.

가지터기 절단이 감소하고 있는 것과는 달리 새로이 대두되고 있는 문제는 과도하게 굵은 가지를 제거하는 것이다(그림 84). 현재 우리나라 전정관련 자료에는 제거절단의 각도만을 강조하고 있기 때문에, 작업자들은 가지 직경의 대소를 불문하고 이 각도만 지키면 문제가 없다고 생각하고 있는 것 같다. 그러나 나무의 상처 유합능력은 유합조직을 형성하는 능력과 상처부위 조직의 부후 저항력에 의해 결정되는데, 이는 수종에 따라 차이가 크다.

그런데 문제는 아무리 상처 유합능력이 큰 수종일지라도 상처가 일정크기 이상이 되면 유합이 불가능하고, 이렇게 되면 노출된 상처에서 시작된 부후로 수간에 공동이 발생하게 된다. 미국에서는 상처 유합능력이 강한 수종은 직경이 10cm, 약한 수종은 직경 5cm를 초과하는 가지를 제거할 때에는 주인이나 전문

그림 84 직경이 너무 굵은 가지를 제거하면 올바른 각도로 제거하더라도 상처가 아물지 못하기 때문에 나무에 치명적인 피해를 준다.

가의 승인을 받도록 권고하고 있다. 이러한 굵은 가지 제거는 우리나라 생활림 수목이 나이가 들어가면서 증가하는 추세에 있고, 특히 천연기념물을 비롯한 각종 보호수들을 관리하면서 직경이 수십 센티미터에 달하는 가지를 주저 없이 절단함으로써 귀중한 문화재에 회복할 수 없는 피해를 가하고 있다.

따라서 제거절단은 나무가 유합할 수 크기의 상처를 남기는 가지를 대상으로, 가지는 완전히 제거하되 줄기조직은 훼손하지 않는 방법으로 수행해야 할 것이다(그림 84).

2) 축소절단(縮小切斷, Reduction cut)

축소절단은, 줄기나 모지(母枝, parent branch)를 남기고 가지를 제거하는 제거절단과는 달리, 가지가 있는 마디에서 가지를 남기고 줄기나 모지를 제거하는 작업이다(그림 85).

① 축소절단의 목적과 용도

축소절단은 수령을 불문하고 나무에 구조적인 결함이 있는 경우 이를 바로잡거나, 나무의 크기를 축소하기 위해 실시하는 절단 유형이기 때문에 수목관리

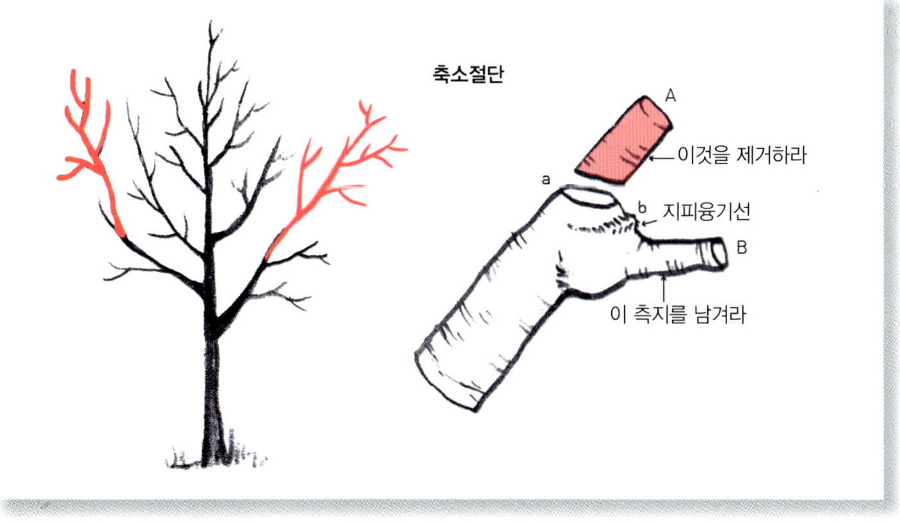

그림 85 축소절단은 충분한 굵기의 측지가 있는 곳에서 지피융기선을 훼손하지 않으면서 줄기나 모지를 제거하는 작업으로, 줄기나 모지의 길이를 축소할 때 활용한다. (Gilman, 2013)

전문가에게는 매우 유용한 전정 절단이다.

나무의 구조적인 결함은 주지(主枝, leader)와 경쟁하는 가지, 세력이 동일한 줄기, 수관을 벗어나서 길게 자라는 가지, 밀생한 가지, 줄기와 좁은 각도로 부착되어 있는 가지 등에 의해 초래된다. 이 중에서 밀생한 가지와, 줄기와 좁은 각도를 이루면서 자라는 가지 등으로 인한 결함은 제거절단으로 바로잡을 수 있지만, 나머지 결함은 축소절단을 활용해야 한다.

② 올바른 축소절단

축소절단은 남겨지는 가지보다 더 굵은 줄기나 모지를 제거하기 때문에 절단 후에 상처 유합이 어려울 뿐만 아니라, 절단되는 부위에는 부후균의 침입에 저항할 수 있는 보호물질이 집적되어 있지 않기 때문에 절단면으로부터 부후가 쉽게 확산될 수 있다. 따라서 축소절단은 전정 상처 부위가 신속하게 유합되어 과도한 수피와 변재의 고사, 부후 등이 유발되지 않도록 충분한 굵기의 측지가 있는 곳에서 실시해야 한다.

축소절단을 할 때 남겨지는 가지(그림 85의 B)의 적정 굵기는 절단되는 줄기나 모지(그림 85의 A)와의 상대적 비율에 의해 결정되는데, 권장되는 최소 비율은 1 : 3이며, 1 : 2 이상되는 것이 바람직하다.

축소절단을 통해 제거되는 부위는 동일세력 줄기(비율이 약 1 : 1, 그림 86의 왼쪽) 또는 줄기나 모지(그림 86의 오른쪽)인데, 이를 절단하는 각도는, 일반적으로 제거될 줄기나 모지에 대한 임의의 수직선과, 이 수직선과 간피융기선(幹皮隆起線, stem bark ridge; 동일세력 줄기인 경우; 그림 86의 왼쪽)이나 지피융기선(줄기나 모지인 경우, 그림 86의 오른쪽)이 이루는 각도를 이등분하여 구한다(그림 86의 절단 2). 이때에도 제거절단의 경우와 마찬가지로 지피 또는 간피융기선이 훼손되지 않도록 주의해야 한다.

한편, 절단면의 직경이 작을수록 부후가 덜 발생한다는 최근 연구결과에 의거 그림 86에서 1번 선을 따라 절단할 것을 권고하는 사람도 있는데, 절단면 뒤쪽의 수피와 형성층 고사를 포함하여 절단된 상처의 크기를 최소화하는 것이 우리의 목표이므로 위에서 확인된 이등분선보다 다소 바깥쪽에서 절단하는 것이 바람직할 수도 있다. 그런데 문제는 이러한 각도가 수종, 연중 시기, 기온과 부후 유발 곰팡이의 존재 등과 같이 계량화하기 어려운 요인에 의해 영향을 받기 때문에 현장에서의 오랜 경험도 존중되어야 한다.

제거되는 줄기나 모지가 한 손으로 지지할 수 없을 정도로 굵고 무거울 경우에는, 제거절단의 경우와 마찬가지로, 절단부위 아래쪽으로 목재가 찢어지는 것

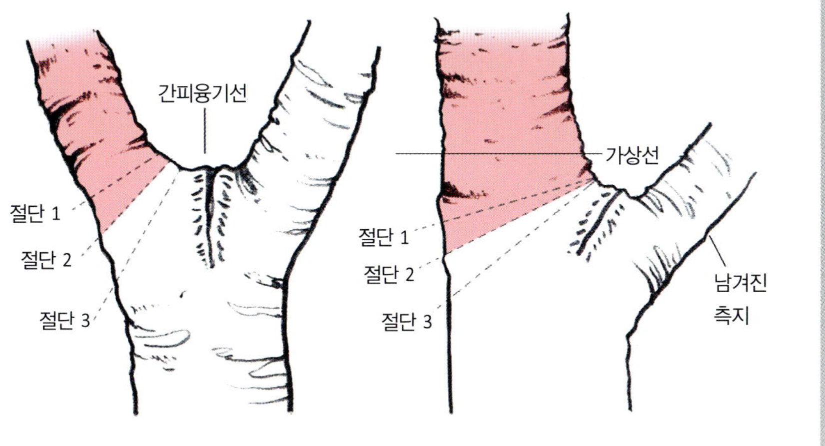

그림 86 축소절단은 제거되는 줄기나 모지에 대한 가상의 수직선과 지피/간피융기선이 만드는 각도를 이등분하듯이 절단(절단 2)하면 되는데, 절단 상처의 크기를 줄여 부후 가능성을 낮추기 위해 이보다 다소 바깥에서 절단(절단 1)하기도 한다. (Gilman, 2013)

을 피하기 위해, 최종 절단이 이루어질 곳으로부터 15~20cm 위에서 예비절단을 하여 무게를 줄인 다음 최종 절단을 실시해야 한다. 그리고 제거될 부위의 무게와 관계없이, 최종절단을 할 때 남겨지는 측지를 향해 위쪽으로(그림 85의 오른쪽, a에서 b 방향으로) 하면 연결부위가 찢어지는 것을 줄일 수 있을 것이다.

③ 그릇된 축소절단

축소절단을 실시할 때 저지르기 쉬운 잘못은 너무 가는 가지가 있는 곳에서 줄기를 제거하거나, 지피융기선과 거의 평행하게 절단하거나, 가지 연결부위 위쪽에 터기를 남기고 절단하거나, 너무 굵은 줄기를 제거하는 것 등이다. 제거되는 줄기와의 비율이 1 : 3보다 낮은 가는 가지가 있는 곳에서 축소절단이 이루어지면(그림 87) 두절과 같은 결과를 초래하기 때문에 남겨지는 가지는 원가지의 역할을 이어받지 못하여 위축되고, 상처는 유합되지 않아 부후가 진행되어 위해하게 된다.

이와 달리 지피융기선과 비슷한 각도로 절단하면 목재가 너무 얇아 남아 있는 가지를 지지할 수 없고, 절단면이 넓어서 부후가 빠르게 진행되기 때문에 강풍에 가지가 쉽게 부러지는 피해가 발생할 수 있다.

기본적으로 축소절단은 구조전정이 필요한 성장과정에 있는 상대적으로 어

그림 87 줄기 대비 너무 가는 가지가 있는 곳에서 길이를 줄이는 절단을 실시하면 두절이 되어 상처가 유합되지 못하고 부후가 확산된다.

린 나무를 대상으로 하는 작업이다. 따라서 제거되는 줄기나 모지의 굵기가 상대적으로 가늘며 나무의 활력도 왕성하여 절단 부위가 쉽게 유합될 수 있다. 그런데 바람직한 직경비율과 절단 각도만을 강조하다 보면 성목의 크기를 줄이기 위해 너무 굵은 줄기나 모지를 절단하는 잘못을 저지르기 쉽다. 이렇게 성목에서 굵은 줄기나 모지를 제거하면 활력이 낮은 성목은 이처럼 큰 상처를 유합하지 못하기 때문에 절단 부위로부터 부후가 확산되어 나무 전체가 위해하게 될 수 있다(그림 84).

④ 축소절단 상처의 부후 진행

축소절단은 부후 저항성이 낮은 곳에 상처를 만들기 때문에 유합에 필요한 기간을 줄이고 부후를 최소화하기 위해서는 올바른 절단과 함께 상처의 크기를 줄이는 것이 중요하다. 또한 수종에 따라 부후에 대한 저항성이나 상처 유합 능력이 다르기 때문에 전정 대상 수종의 특성도 고려해야 한다.

상처를 구획화하는 능력이 강한 수종은 직경 10cm 정도의 줄기를 절단해도 부후진행이 억제되어 피해가 발생하지 않지만(그림 88의 오른쪽), 그렇지 못한 수종은 직경 5cm 정도의 줄기 절단에도 변색과 부후가 절단 상처 안쪽 깊숙이 확산될 수 있다(그림 88의 왼쪽). 그러나 앞서 언급한 바와 같이 부후저항성이 높은 수종

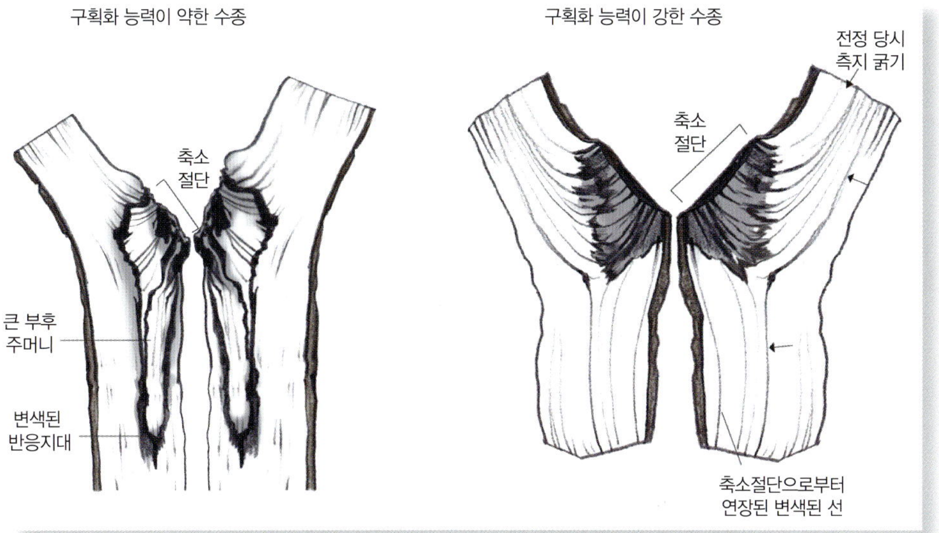

그림 88 상처를 구획화하는 능력은 수종에 따라 차이가 큰 데, 구획화 능력이 크면 부후나 변색이 상처에 인접한 부위에 한정되어(오른쪽) 피해가 제한적이지만, 그렇지 않으면 수간 깊숙이 확산된다(왼쪽). (Gilman, 2013)

일지라도 스스로 아물 수 있는 상처의 크기에는 한계가 있으므로 과도한 축소절단은 삼가야 할 것이다.

⑤ 축소절단에 무지한 우리의 현실

일단 식재하고 나면 문제가 발생할 때까지 방치하는 우리의 수목관리 관행 때문에 도시 숲을 구성하고 있는 많은 나무들이 사라면서 송전선이나 건축물 등 인접한 구조물과 충돌하여 문제를 일으키고 있다. 이러한 상황에서 축소절단은 나무의 건강과 구조에 대한 손상을 최소화하면서 나무의 크기를 줄여 이러한 문제가 발생하는 것을 예방할 수 있는 매우 유용한 방법이다.

그러나 현장에서는 축소절단을 통해 예방하는 노력은 하지 않고 문제가 발생하면 강전정이라는 이름의 두절(頭切, heading cut/topping)로 단번에 크기를 축소하는 손쉬운 방법을 택하고 있다(그림 89). 두절(다음에 다룰 예정임)은 나무에 돌이킬 수 없는 피해를 주는 절단 방법이기 때문에 선진국에서는 이를 불법(不法, illegal)으로 규정하고 있지만, 우리나라에서는 일상화되어 있고 전문가임을 자청하는 사람도 이를 권장하고 있어서 아무런 거리낌 없이 자행되고 있어 안타깝기 짝이 없다.

이렇게 후진적인 전정 관행이 성행하고 있는 것은 국내의 어떤 전정 관련 참

그림 89 우리는 나무가 생장하면서 발생하는 문제를 해결하기 위해 손쉬운 두절을 반복적으로 실시하여 크기를 축소하고 있다.

고자료에서도 이를 다루고 있지 않아서 우리 모두가 두절 폐해의 심각성과 축소 절단의 유용성을 잘 모르고 있기 때문일 것이다. 따라서 나무를 건강하고 튼튼하게 키우기 위해서는 하루빨리 이 분야 관계자들에게 올바른 절단 방법에 관한 자료를 제공하고 이에 대한 교육훈련을 실시해야 할 것이다.

3) 두절(頭切 , Heading cut)

두절은 인접한 측지의 위치, 제거될 줄기나 가지의 굵기 등을 고려하지 않고 줄기나 가지의 길이를 축소하는 절단방법이다. 이러한 절단 방법은 신초 또는 1~2년생 줄기나 가지에 대해 제한적으로 허용되지만, 그 이상 오래된 가지나 줄기에 적용하면 나무의 구조와 건강을 크게 훼손하기 때문에 지양해야 한다.

① 그릇된 두절이 성행하는 이유

이처럼 두절은 가지나 눈이 없는 곳에서 절단이 일어나기 때문에 나이나 굵기가 어느 정도 이상 된 가지나 줄기에 적용하면 심각한 문제를 초래한다. 그럼에도 불구하고 강전정이라는 이름으로 굵은 가지나 줄기에 대한 두절이 이루어지고 있는데 이는 다음과 같은 사유에 기인한다.

첫째로, 농장에서 출하시기를 놓친 나무를 다시 활용하기 위해 실시한다. 농장에서 재배하는 나무가 적시에 출하되지 못하면 보다 넓은 공간으로 이식하거나 이를 제거한 다음 크기가 작은 묘목을 새로이 식재하여 키워야 하는데, 이렇게 하면 많은 비용이 들어가거나 지금까지의 투자가 물거품이 되는 피해가 발생한다.

이에 따라 우리나라 농장에서는 이를 회피하기 위해 일정한 높이에서 수간을 절단하여 키와 수관을 대폭적으로 축소하는 두절을 실시하는 편법을 실시하고 있다(그림 90). 이렇게 두절된 나무는 절단된 지점으로부터 부후가 시작되기 때문에 결함을 내재하고 있다. 그런데 이와 같은 그릇된 관행은 농장의 이해와 맞물려 널리 자행되고 있으며, 이렇게 키운 나무를 절두목(截頭木) 또는 두절목이라고 하여 거부감 없이 현장에 식재하고 있어 문제가 심각하다.

이러한 두절은 생활림 관리에서도 널리 성행하고 있는데, 이는 부지보다 크게 자라는 수종을 식재한 다음 방치했기 때문이다. 수종 선정은 해당 수종의 나무가 성목이 되었을 때를 기준으로 해야 하지만, 우리는 식재 당시의 크기를 기준으로 식재부지와 비교하여 결정하고 있는 것이 현실이다. 따라서 식재 후 일정 기간이 경과하면 주변 시설물과 나무가 충돌하게 되고, 이 문제를 해결하기 위해 두절을 실시하게 된다.

그림 90 소위 절두목은 절단된 부위에서 시작된 부후가 수간의 내부까지 확산되어 있는 결함이 내재된 나무이므로 생산/유통되어서는 안 된다.

이렇게 무자비한 두절을 실시하는 이유는 나무의 크기를 적은 비용으로, 짧은 시간에, 현저하게 축소할 수 있기 때문이다(그림 91 왼쪽). 이러한 절단방법은 다양한 문제를 초래할 수 있음에도 불구하고 두절의 편의성 때문에 수목관리 관계자 모두가 선호하고 있는 것은 매우 안타까운 일이다.

② 그릇된 두절의 폐해

두절은 나무에 돌이킬 수 없는 피해를 초래한다. 먼저 농장에서 실시하는 두절의 문제는, 결함을 가진 나무를 비싼 값을 치르고 구매하여 식재하기 때문에 비용을 낭비할 뿐만 아니라 인명이나 재산에 피해를 줄 수 있는 나무를 광범위하게 식재하게 된다는 것이다. 먼저 비용 측면에서는, 나무의 가격을 결정하는 주요 규격 중의 하나가 근원경인데, 절두목은 수고나 수관폭이 비슷한 정상적인 나무에 비해 근원경이 월등히 굵기 때문에 비싼 가격을 주고 구매할 수밖에 없다.

그리고 두절된 부위는 나무가 스스로 유합하기 어렵기 때문에 여기서 부후가 시작되고 이는 수간 깊숙이 침투한다(그림 92). 여기에 추가적인 상처가 발생하면 부후가 빠른 속도로 확산되어 작은 충격에도 쉽게 파손되는 위해한 나무

그림 91 나무의 크기를 일시에 축소하기 위해 과도하게 두절하면(왼쪽) 죽을 수도 있으므로(오른쪽), 이처럼 대폭적인 축소가 필요한 경우에는 완전히 제거한 다음 적합한 수종으로 대체 식재하는 것이 좋다.

로 발전하게 된다.

우리 주변의 생활림에서 일어나고 있는 광범위하고 가혹한 두절은 나무 생장에 치명적인 영향을 미치게 된다. 먼저, 두절로 나무는 생존의 기로에 서는 심각한 스트레스를 받게 된다. 줄기와 굵은 가지를 일시에 제거하는 두절을 실시하면 나무는 에너지를 생산하는 잎과 에너지를 저장하고 있는 목질부를 대부분 상실하게 된다.

이렇게 되면 나무는 이를 회복하기 위해 자신이 가지고 있는 나머지 에너지를 총동원하여 쉬고 있는 잠아가 움직이도록 자극하여 새로운 가지 발생을 극대화시킨다. 이 과정에서 탈진한 나무는 활력이 크게 약화되기 때문에 병해충이나 가뭄, 혹한 등 다른 스트레스에 취약하게 되고, 이를 극복하지 못하면 죽을 수도 있다(그림 91 오른쪽).

둘째로, 두절된 나무는 인명과 재산에 피해를 주는 위해한 나무가 된다. 두절은 상처로 인한 부후를 방어하는 물질이 집적되어 있지 않은 마디 사이에서 일어나기 때문에 상처부위가 쉽게 부후하고, 절단되는 줄기나 가지는 너무 굵어 해당 줄기나 가지가 유합하기 어려워 절단 상처부위에서 시작된 부후는 계속해

그림 92 두절을 실시하면 손쉽게 나무의 크기를 줄일 수 있지만, 수간이 부후되면서 위해한 나무가 되기 때문에 즉시 중단되어야 한다.

서 줄기 내부로 확산된다.

이러한 나무의 수간은 외관상 튼튼하게 보여도 내부는 비어 있어서 스스로를 지탱하기 어렵고, 이러한 수간에서 발생하여 자라고 있는 가지 또한 수간의 가장자리에 약하게 부착되어 있기 때문에 쉽게 찢어지게 된다(그림 93). 따라서 이러한 나무는 강한 바람이나 외부의 가벼운 충격에 쉽게 파손되어 인명과 재산에 피해를 주게 된다. 그리고 수관이 제거되면 지금까지 수관이 만드는 그늘에 의해 보호되고 있던 수간이 직사광선에 노출되면서 수피가 타들어가는 피소(皮燒, sunscald) 피해를 입을 수 있고, 이러한 피해가 누적되면 수간의 지지력이 약화되는 것은 피할 수 없다.

셋째로, 수관이 큰 폭으로 축소되면 나무로서의 기능도 현저하게 저하된다. 두절로 파괴된 수형은 원상회복이 불가능하며, 이에 따라 우리는 매일매일 보기 흉한 나무를 보며 살아야 한다. 그리고 이러한 나무로 구성된 도시 숲은 우리가 기대하는 편익을 제공하지 못하게 된다.

그림 93 두절로 내부가 부후된 수간에서 발생한 가지는 바깥의 가장자리에 약하게 부착되어 있기 때문에 작은 충격에도 쉽게 찢어진다.

도시녹화의 정도를 측정하는 유용한 척도로 수관피복률(canopy coverage)을 활용하고 있는데, 이는 항공사진을 통해 도시 면적 중에서 나무의 수관이 덮고 있는 면적을 측정하여 계산한다. 이 비율이 높을수록 직사광선에 노출된 면적이 적어서 여름철 도심열섬현상을 완화하고, 녹지축이 다각도로 연결되어 생태적인 다양성을 확보하는 등 도시 숲으로부터 다양한 편익을 누릴 수 있게 된다. 그러나 두절을 실시하면 일시에 수관이 사라지면서 수관피복률이 급격히 하락하기 때문에 도시 숲의 기능이 크게 약화된다.

마지막으로, 두절은 비용 비효율적이다. 두절된 나무는 맹아가 집중적으로 발생하기 때문에 구조가 악화되는 것을 방지하기 위해서는 건강한 가지 몇 개를 제외하고 솎아주는 전정을 실시한 다음 지속적으로 구조 약화를 예방하는 전정을 실시해야 한다. 이러한 노력에도 불구하고 두절된 나무는 넘어지거나 가지가 파손될 가능성이 높기 때문에 이로 인해 발생하는 인명과 재산 피해에 대한 엄청난 보상비용은 상상을 초월할 수 있다.

만약 강전정으로 인한 스트레스를 극복하지 못하고 고사한다면 다시 이를 제거하는 비용이 발생하게 되는데(그림 91 오른쪽), 이는 강전정을 실시하지 않고 바로 제거했더라면 부담하지 않아도 되는 비용이다. 그리고 강전정으로 수형이 훼손되어 전반적인 경관이 악화됨으로서 발생할 수 있는 주변 주택가격의 하락 등 간접적인 손실도 무시할 수 없을 것이다.

③ 해결 방안

이처럼 두절로 인한 부작용은 아무리 강조해도 지나치지 않는다. 따라서 더 이상 두절이 발생하지 않도록 대책을 수립해야 하는데, 상정할 수 있는 방안은 다음과 같다.

먼저 그릇된 절단방법인 두절 대신 올바른 절단방법인 축소절단을 활용하자는 것이다. 현재 자행되고 있는 두절의 주된 목적은 통제할 수 없을 정도로 자란 나무의 크기를 줄이는 것이다. 그런데 나무의 크기를 줄이는 데 적용할 수 있는 올바른 절단방법은 앞에 소개한 축소절단이 있으므로 이를 활용하면 된다. 축소절단은 제거되는 줄기 직경의 1/3 이상되는 가지가 있는 곳에서 줄기를 절단하는 방법으로, 이보다 더 가는 가지가 있는 곳에서 절단하면 다시 두절이 되기 때문에 유의해야 한다.

그러나 우리가 당면한 문제는 나무를 관리하지 않고 너무 오래 방치하여 이러한 축소절단으로는 원하는 크기로 나무를 축소할 수 없다는 것이다. 이러한 경우에는 두절이 유일한 해결책이라고 생각할 수 있지만, 앞서 언급한 바와 같이, 두절로 인한 폐해를 고려하면, 두절이 필요한 시기에 해당 나무 전체를 제거하는 것을 적극적으로 고려해야 한다.

반복적이고 대대적인 두절이 필요한 나무를 제거한 후 대체 식재를 하거나 새로운 부지의 경관조성을 위해 나무를 신규로 식재하는 경우에는 장기적으로 두절 문제가 발생하지 않도록 식재해야 할 것이다. 이를 위해서는 두절을 초래하는 원인을 확인할 필요가 있는데, 이는 앞서 언급한 바와 같이, 식재부지보다 크게 자라는 수종을 식재한 다음 수관을 대폭적으로 축소하지 않으면 문제를 해결할 수 없는 상태에 이를 때까지 장기간 방치하였기 때문이다.

따라서 두절에 대한 근본적인 대책은 성목의 크기를 기준으로 식재부지의 공간에 적합한 수종을 선정하여 식재하는 적지적수(適地適樹, the right plant in the right place) 원칙을 준수하는 것이다. 이렇게 처음부터 식재부지에 부합하는 수종을 선정하여 식재하면 두절을 예방할 뿐만 아니라 다른 관리비용도 대폭 절감할 수 있기 때문에 수목관리에서는 가장 중요한 지도원리이다.

그런데 일반적으로 사람들은 크게 자라는 교목을 선호하는 경향이 있어서 식재부지보다 크게 자라는 수종을 식재하는 경우를 많이 볼 수 있다. 이렇게 다소 큰 수종을 식재한 경우에는 식재된 나무가 통제 불능한 상태에 이르지 않도록 식재할 때부터 계획을 수립하여 어려서부터 크기를 축소하는 전정을 지속적으로 실시해야 할 것이다.

39 두절을 활용한 올바른 수목관리

앞서 그릇된 두절과 이로 인한 폐해에 관해 살펴보았다. 그런데 앞서 언급한 바와 같이, 이러한 두절도 신초 또는 1~2년생 줄기나 가지를 대상으로 실시하면 유용한 수목관리 방법이 될 수 있는데, 여기서는 어린 가지나 줄기를 대상으로 허용된 두절의 목적과 용도에 관해 살펴보고자 한다.

튼튼한 묘목 생산. 먼저, 수간이 곧은 어린 묘목을 생산하기 위해 두절을 활용한다. 미국의 많은 농장에서는 눈이 트기 시작하는 초봄에 뿌리가 충분히 발달한 1~2년생 묘목의 줄기를 지면 가까이에서 제거한다. 이렇게 하면 절단 부위에서 여러 개의 신초가 발생하는데 이들이 50~75cm 정도 자랄 때까지 기다린 다음 가장 곧고 건강한 신초만 남기고 나머지를 제거하여 그 해에 줄기가 곧고 수고가 2m 이상 되는 건강한 묘목을 키워내고 있다(그림 94).

가지 발생 유도. 가지가 없이 회초리처럼 자란 묘목을 두절하면 가지를 유발할 수 있다. 밀식된 공간에서 자라는 묘목은 줄기가 가늘고 가지가 없는 경우가 대부분이다. 이렇게 초살도가 낮은 묘목을 보다 넓은 공간으로 이식하면 쉽게 휘어져서 바람직한 수형을 형성하지 못하게 된다. 이러한 묘목을 대상으로 가지가 필요한 지점이나 휘어지기 시작하는 지점에서 두절을 하면 두절된 지점 아래에서 맹아지가 자라나오기 때문에 원하는 가지를 얻을 수 있다(그림 95).

나무의 생장 조절. 나무의 생장을 조절하기 위해 두절을 활용하기도 한다. 대표적인 활용사례가 소나무의 생장속도를 조절하기 위해 신초의 일부를 절단하는 적심(摘心, pinching)이다. 소나무는 일 년에 한 마디씩 자라는 고정생장을 하

그림 94 2년차 실생묘를 지면 가까이에서 두절하여 줄기가 곧게 육성되고 있는 묘목. (미국 오리건 주 농장)

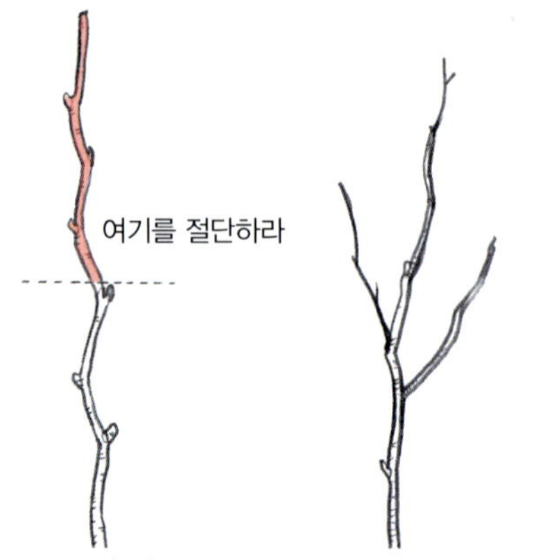

그림 95 측지가 없이 회초리처럼 자란 어린 묘목을 일정한 높이에서 두절하면 원하는 위치에서 가지를 얻을 수 있다. (Gilman, 2013)

는 수종이기 때문에 신초가 다 자란 후 침엽이 나오기 시작하는 늦봄에 이의 일부를 절단하면 원하는 크기로 생장을 조절할 수 있다(그림 96). 크리스마스트리(Christmas tree)를 생산하는 사람들도 이 방법을 사용하는데, 돌출된 신초를 모두 적심하면 생장에너지가 적심되지 않은 측지의 신초로 이동하기 때문에 대칭적이고 조밀한 원뿔의 수형이 만들어지게 된다.

토피아리 유지. 또한 두절을 활용하면 비어 있는 수관을 채우거나 토피아리를 유지관리할 수 있다. 어린 미국측백나무나 주목, 일부 향나무는 1년 이상 된 잎이 없는 가지도 봄에 절단하면 휴면아나 잠아에서 잎이 발생하여 수관을 채울 수 있다. 또한 특정한 형상을 가진 토피아리도 발생부위 가까이에서 신초를 제거해주면 아름다운 모습을 계속 감상할 수 있다(그림 97).

개화 조절. 배롱나무나 모감주나무처럼 당년지 신초에서 꽃을 피우는 나무는 매년 시든 꽃이나 오래된 갈색의 열매를 제거하는 가벼운 두절을 해주면 수관이 깔끔해진다. 그러나 일부 사람들은 새로이 발생한 맹아지에서 송이가 큰 꽃이 피기 때문에 이를 감상하기 위해 오래된 줄기를 절단하는 경우가 있는데, 이는 수형이 보기 흉하게 훼손될 뿐만 아니라, 매년 이러한 작업을 반복하면 활력이 약화되어 겨울에 동해를 입어 지상부가 고사하는 피해를 입을 수 있기

그림 96 소나무처럼 고정생장을 하는 수종에서 신초의 일부를 제거하는 두절(적심)을 하면 수고생장을 조절할 수 있다.

그림 97 매년 신초를 기존의 높이에서 제거해주면 일정한 형태를 유지할 수 있다.

때문에 권장할 만한 관행이 아니다(그림 98).

두목작업과 유지관리. 두목작업(頭木作業, pollarding)은 나무의 크기를 일정하게 유지하기 위해 특정한 위치에서 매년 또는 격년으로 2년생 이하의 어린 가지를 제거하는 올바른 전정 작업으로, 굵은 가지나 줄기를 일시에 제거하는 그릇된 방법인 두절과 다르다.

우리는 두목작업을 통해 나무의 형태를 다양하게 연출할 수 있는데, 이를 위해서는 어릴 때부터 준비해야 한다. 먼저 어린 나무를 대상으로 자신이 향후 창출하고자 하는 형태로 자라도록 2~10년에 걸쳐 줄기와 가지의 생장을 유도한 다음, 원하는 구조가 형성되면 동일한 형태를 유지하기 위해 앞으로 계속 절단될 위치에서 해당 나무의 어린 줄기를 두절한다(그림 99).

두절 후에 발생하는 절단 부위 주변의 맹아지는 휴면기에 해당 맹아지의 기부 가까이에서 제거해 준다. 이듬해 봄이 되면 남겨진 기부에서 다시 맹아지가 발생하게 되는데 이들을 제거하는 작업을 매년 되풀이 하면, 나무의 크기가 일정하게 유지되고 두목 머리(pollard head)라고 불리는 둥근 조직이 발달하면서 원하는 수형을 형성하게 된다.

두목작업으로 나무를 관리할 때 유의할 점은 두목머리에 상처가 발생하지 않도록 맹아지를 제거하는 것이다. 두목머리는 전분이 풍부한(starch-rich) 눈, 유

그림 98 송이가 큰 꽃을 감상하기 위해 배롱나무를 반복적으로 두절하면 과도한 스트레스로 지상부가 동해를 입어 고사할 수 있다.

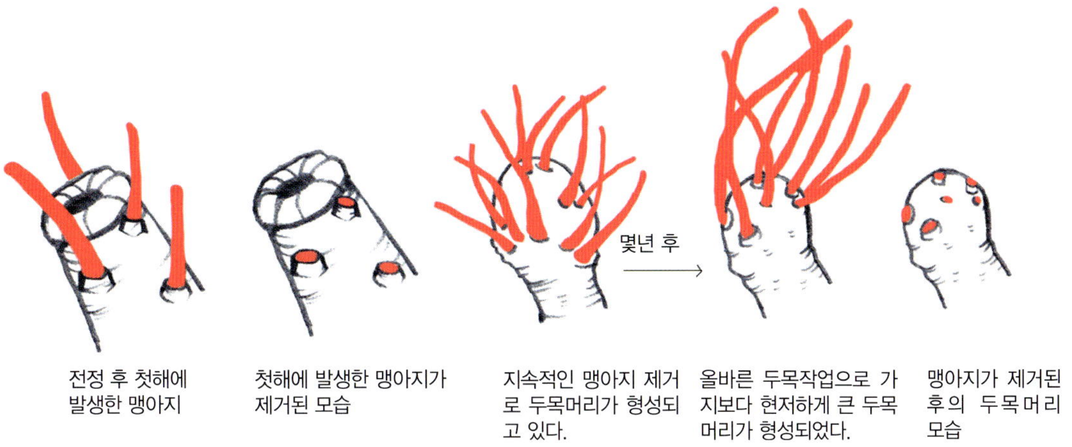

그림 99 두목작업은 특정한 위치에서 가지를 두절한 다음, 절단 부위 주변에서 발생하는 맹아지를 매년 제거하여 원하는 수형을 창출하는 올바른 전정 작업이다.

상조직(癒傷組織, callus), 깃(collar) 등의 집합체로서, 여기에 상처가 발생하면 쉽게 부후되기 때문에 애써 유지해온 수형이 단기간에 파괴되는 피해를 입게 된다.

그리고 두목작업은 이러한 관리에 잘 반응하고 이러한 처리에도 오래 살 수 있는 수종을 대상으로 하는 것이 좋은데, 이에 적합한 수종으로는 버즘나무류(*Platanus*), 단풍나무류(*Acer*), 산사나무류(*Crataegus*), 물푸레나무류(*Fraxinus*), 참나무류(*Quercus*), 피나무류(*Tilia*), 느릅나무류(*Ulmus*) 등이 있다.

이처럼 두목작업을 통해 나무를 올바르게 관리하면 오랫동안 일정한 크기를 유지하면서 매우 독특하고 정형적인 모습을 보여주게 된다. 그러나 나무의 크기 조절에만 급급하여 굵은 가지를 계속 두절하면 보기에 흉할 뿐만 아니라 구조적으로도 취약한 나무를 양산하게 된다(그림 100). 만약 크기를 주기적으로 줄여주어야 하는 곳이라면 두목작업이나 두절 대신 소교목을 식재하는 것이 바람직한 의사결정일 것이다.

40 나무를 튼튼하게 키우기 위한 구조전정

주변 녹화를 위해 식재하기에 바람직한 나무는 활력적으로 건강하고 구조적

그림 100 이처럼 절단하는 위치가 계속 변하는 것은 두목작업이 아닌 두절임.

으로 튼튼해야 하는데, 굳이 활력과 구조에 대해 우선순위를 부여해야 한다면 튼튼한 구조를 우위에 놓고 싶다. 왜냐하면 활력이 과도하게 왕성한 나무는 각 조직이 빠르게 생장하면서 곳곳에 취약한 구조를 형성하여 이들을 바로잡아주지 않으면 위험한 나무로 자랄 수 있기 때문이다.

한편, 나무는 어릴 때 형성된 구조가 일생 동안 영향을 미치고, 한 번 형성된 구조적인 결함은 교정하기 어렵기 때문에, 어린 나무의 관리활동은 이들이 튼튼한 구조로 자랄 수 있도록 유도하는 구조전정(構造剪定, structural pruning)에 중점을 두게 된다.

튼튼한 나무란?

나무를 구조적으로 튼튼하게 키우기 위해서는 튼튼한 나무가 갖추어야 하는 요건을 알고 있어야 하는데, 이를 정리하면, 구조적으로 튼튼한 나무는 ① 외줄기의 수간이 수관의 끝까지 뻗어 있고, ② 수간에 상처나 결함이 없고, ③ 수간을 따라 가지가 일정한 간격으로 단단하게 부착되어 있고, ④ 해당 나무의 생장을 지원할 수 있는 건강한 뿌리를 가지고 있고, ⑤ 병해충에 감염되어 있지 않으며, ⑥ 해당 수종의 고유한 수형을 형성하고 있어야 한다(그림 101).

이처럼 튼튼한 구조를 가진 나무를 올바르게 식재하면, 적은 관리비용으로 많은 편익을 제공하는 건강한 나무를 확보할 수 있을 것이다. 반면, 수간이 둘 이상의 세력이 비슷한 줄기로 난립되어 있거나(그림 102), 수형이 파괴되고 수간에 상처를 가지고 있는(그림 103) 등 결함을 가진 나무를 식재하면, 성목이 된 후 취약한 부위가 파손되면서 인명과 재산에 피해를 줄 뿐만 아니라, 시간이 지나도 수형이 회복되지 않아 두고두고 보기 흉한 나무를 가까이에 두게 될 것이다.

그럼에도 불구하고 문제는 우리 주변에서 후자와 같이 구조적으로 취약한 나무를 쉽게 찾아볼 수 있다는 것이다. 따라서 처음부터 농장에서 구조적으로 튼튼하게 키운 나무를 식재하는 것이 중요하며, 이를 위한 전정 방법을 소개하고자 한다.

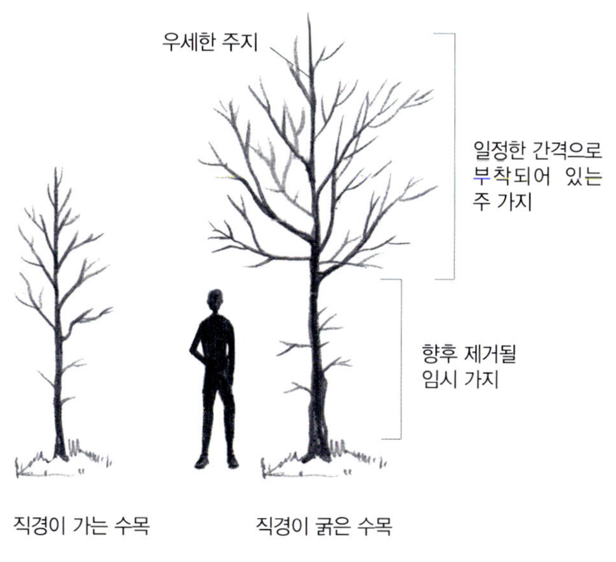

그림 101 농장에서 출하될 바람직한 나무의 모형. (Gilman, 2013)

그림 102 세력이 비슷한 줄기가 둘 이상 형성되면 연결부위의 부착이 취약하여 쉽게 찢어진다.

그림 103 수형이 파괴되고 활력이 불량한 나무를 식재하면 두고두고 볼썽사나운 나무를 가까이 해야 한다.

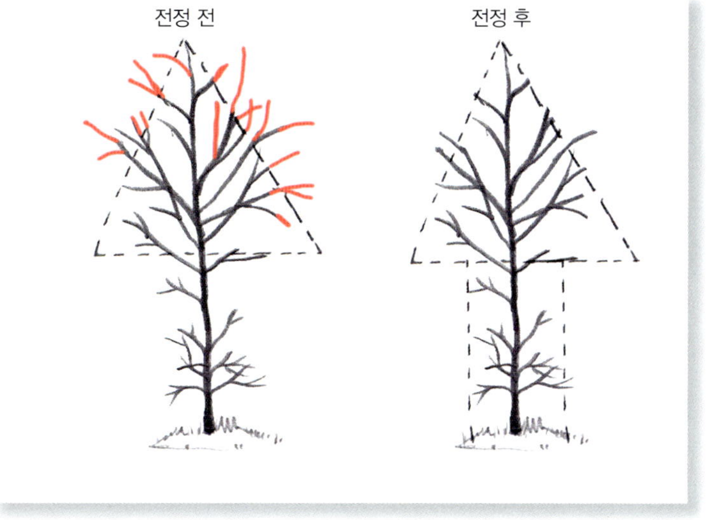

그림 104 경쟁하는 측지를 억제하여 주지 생장을 촉진하고, 아래 가지를 억제한 채 유지하여 수간의 초살도를 높이면 구조적으로 튼튼한 나무로 자란다. (Gilman, 2013)

1) 주지 육성

외줄기의 수간이 수관의 끝까지 연결되어 있는 상태를 유지하기 위해서는 중앙의 주지(主枝, leader)가 주변의 다른 가지보다 우세한 위치를 확보하여 해당 나무의 생장을 주도해야 한다. 그러나 일반적으로 생육 초기에는 모든 가지가 왕성하게 자라기 때문에 이를 방치하면 주지와 세력이 동일하거나 주지보다 더 강한 가지가 발생하여 취약한 구조로 발달하기 쉽다.

따라서 앞서 언급한 바와 같이, 구조가 튼튼한 나무를 재배하기 위해서는 어릴 때부터 중앙에 위치한 주지가 나무 전체의 생장을 주도하도록 우세한 주지를 육성하는 전정 작업에 착수해야 한다. 작업 요령은 수관이 주지의 끝을 정점으로 하는 원뿔 형태가 되도록(그림 104, 오른쪽) 주지와 비슷한 크기로 자라서 주지에 도달하는 햇빛을 가로막고 있는 주변 가지의 생장을 억제하는 것이다(그림 104, 왼쪽).

이렇게 하면 수관이 균형을 이루면서 튼튼하게 자라게 되는데, 이때 주지 주변의 가지를 과도하게 제거하면 주지가 웃자라서 휘어질 수 있기 때문에 조심해야 한다.

2) 가지 조절 및 배치

출하할 나무의 크기가 정해지면, 출하할 때 유지할 수관의 가장 아래 가지를 선정한 다음 이 가지를 밑변으로 하고 주지의 상단을 꼭짓점으로 하는 원뿔이 되도록 수관을 구축해가게 된다. 구축하게 될 원뿔의 형태는 수종별 생장 특성에 따라 차이가 있는데, 일단 임의의 원뿔형태가 결정되면 이를 벗어나서 자라면서 수형의 균형을 깨뜨리는 왕성한 아래 가지는 축소하거나 제거해주어야 한다.

그리고 수관의 골격을 형성하는 주 가지는 수간을 따라 일정한 간격을 확보하면서 나선형으로 배열되어 있어야 한다(그림 101, 오른쪽). 만약 주 가지가 수간을 사이에 두고 마주보고 있거나 몇 개의 굵은 가지가 한 곳에 집중되어 있으면 부착지점의 강도도 약할 뿐만 아니라 이들 가지가 굵어지면서 위쪽의 수간을 압박하기 때문에 주지의 생장이 위축되는 문제가 발생할 수 있다.

3) 초살도 제고

초살도(梢殺度, tapering)는 줄기나 가지가 아래쪽에서 위쪽으로 갈수록 가늘어지는 정도를 말하는데, 초살도가 높은 나무는 줄기나 가지의 아래쪽이 위쪽보다 굵기 때문에 구조적으로 튼튼하여 강한 바람에도 잘 꺾이지 않는다.

한편, 줄기나 가지의 직경생장은 여기에 부착된 가지에 의해 촉진되기 때문에, 초살도가 높은 수간을 가진 나무를 생산하기 위해서는 수간의 아래쪽에 있는 가지를 제거해서는 안 된다. 그러나 이들 아래 가지는 출하할 때 또는 현장에 식재된 후 가까운 장래에 제거되어야 하는 가지이기 때문에 조절하지 않고 그대로 두면 너무 굵고 길게 자라서, 위쪽 수관의 생장을 억제하고 제거할 때 수간에 너무 큰 상처를 남기는 등 부작용이 발생하게 된다.

따라서 이들 아래 가지는 수간의 직경생장에는 기여하면서 나중에 제거된 후에는 수간이 쉽게 아물 수 있는 작은 상처를 남기도록 생장을 일정한 수준(길이가 30~50cm 정도)으로 억제해 주어야 한다(그림 101, 오른쪽).

이러한 방법으로 재배된 나무는 원통 모양의 임시가지 위에 원뿔 모양의 수관이 얹혀있는 형태가 될 것이다(그림 104, 오른쪽).

4) 원추형 / 원주형 수목: 낮은 전정 요구도

소나무류, 전나무류, 아라우카리아류, 메타세쿼이아, 히말라야시더 등과 같이 원추형으로 자라는 나무와 양버들, 노간주나무, 연필향나무 등과 같이 원주형으로 자라는 나무는 대부분 주지가 생장을 주도하기 때문에 별도로 주지를 육성하기 위한 전정이 불필요하다(그림 105). 또한 이들 수종은 수간 대비 굵기가 가는 가지가 형성되기 때문에 향후 제거될 임시가지를 억제하는 노력을 하지 않아도 된다.

다만, 드물게 세력이 비슷한 주지가 둘 이상 형성되거나, 소나무류처럼 고정생장하는 나무에서 한 마디에 너무 많은 가지가 발생하여 위쪽의 주지를 압박하는 경우가 발생할 수 있는데, 동일세력 주지는 가장 바람직한 주지 하나만 남기고 나머지는 제거해주며, 밀집한 가지는 3~4개만 남기고 솎아주는 전정을 해주면 문제가 해결될 것이다.

그림 105 인위적인 구조전정 없이도 원추형으로 튼튼하게 잘 자라는 아라우카리아.

41 나무의 안전을 위한 뿌리전정

뿌리가 이루고 있는 집단인 근계(根系, root system)의 크기와 유형은, 수종과 토양 여건에 따라 차이가 큰데, 대체로 지표면으로부터 50cm 이내 깊이에서 수관의 2~3배 거리에 걸쳐 뻗어 있으며, 나무 총 건중량의 1/3~1/5을 차지하고 있다. 이러한 뿌리는 나무의 지상부가 넘어지지 않도록 단단히 잡아주는 기능 외에 물과 양분을 흡수하여 지상부에 공급해주고 잉여 에너지를 저장하는 역할을 하는 등 매우 중요한 기관이다.

그러나 뿌리는 대부분 보이지 않기 때문에 쉽게 잊히거나 관리의 필요성이 무시되고 있으며, 이로 인해 심각한 뿌리 결함으로 인해 외부의 작은 충격에도 쉽게 넘어질 수 있는 위험한 나무들이 생각보다 빠른 속도로 늘어나고 있다(그림 106). 이의 심각성을 고려하여 뿌리도, 지상부와 마찬가지로, 건강하고 튼튼한 구조를 형성할 수 있도록 관리하는 방안을 소개하고자 한다.

1) 농장에서의 뿌리 관리

경관에 식재하기 위해 키우는 농장 수목은 굵은 뿌리가 수간을 중심으로 방사상으로 뻗어 있고 잔뿌리가 많은 튼튼한 근계를 가지고 있어야 한다(그림 108, 왼쪽). 그러나 일반적으로 농장에서 자라는 나무의 경우, 파종으로 번식한 실생묘

그림 106 뿌리가 수간 가까이에서 절단되고 맴도는 뿌리를 가진 위험한 가로수.

는 측근(側根, lateral root)에 비해 직근(直根, taproot)이 과도하게 발달하고(그림 107), 용기에서 키운 나무는 용기의 벽을 따라 맴도는 뿌리가 발달하는 등의 결함이 발생하기 쉽다.

직근 억제: 자연 생태계에서 나무의 씨앗이 배수와 통기가 양호한 토양에서 발아하는 경우 뿌리가 24m 이상의 깊이까지 자란다는 보고가 있다. 이렇게 직근이 과도하게 발달한 나무는 답압과 배수 불량 등으로 얕은 측근이 필요한 도시 토양에서는 적응하기 어려울 것이다. 따라서 농장에서는 실생묘의 직근 생장을 억제하고 측근 생장을 촉진하기 위해 다음과 같은 뿌리 전정을 실시하고 있다.

첫 번째 방법은 일정한 깊이(20cm 정도)에서 U자형 날을 이용하여 직근을 절단해주는 것이다. 이렇게 하면 절단 부위에서 부정근이 여러 방향으로 발생하게 되고 이들이 지표면 가까이에서 튼튼한 근계를 형성하게 된다(그림 107).

또 다른 방법은 공기를 이용한 공기 뿌리전정(air root pruning)인데, 이는 씨앗을 노지가 아닌 바닥에 작은 구멍이 뚫린 지상의 특별한 번식용기에서 발아시키

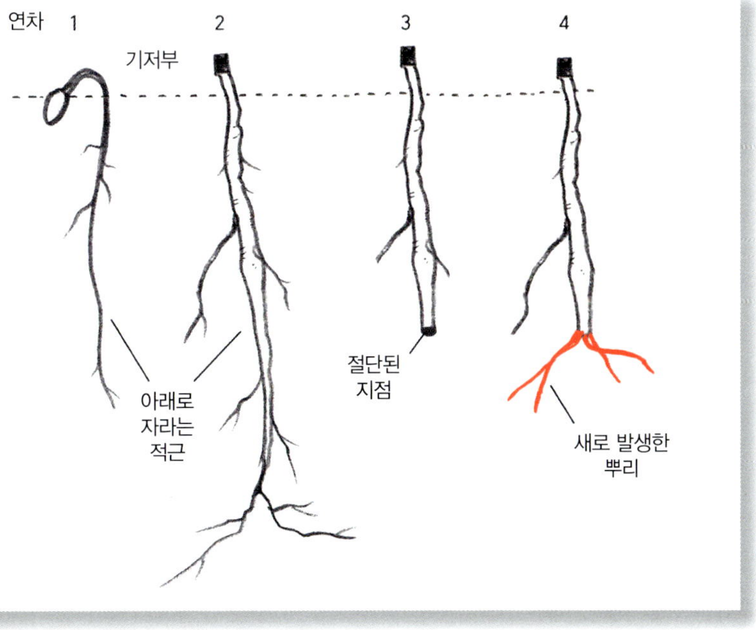

그림 107 아래로 자라는 실생묘의 직근을 일정한 깊이에서 절단하면 지표면 가까이에서 여러 개의 측근을 얻을 수 있다. (Gilman, 2013)

는 것이다. 여기서 발아한 유묘의 직근은 아래로 자라다가 건조한 공기에 노출되어 있는 용기의 바닥에 닿으면 더 이상 자라지 못하고 측근을 발달시키게 된다.

맴도는 뿌리예방: 작업의 편의를 위해 묘목을 용기에서 키우는 경우가 많은데, 이때 발생하기 쉬운 결함은 용기의 가장자리를 따라 자라는 맴도는 뿌리이다(그림 108, 가운데). 이렇게 맴도는 뿌리를 가진 묘목을 그대로 큰 용기에 옮겨 심거나 경관에 식재하면, 뿌리가 계속 맴도는 상태로 자라기 때문에 고착력이 약화되고 시간이 지나면서 직경이 굵어지면 뿌리가 수간을 옥죄게 되어 그 부위가 쉽게 부러지는 피해가 발생할 수 있다.

이렇게 맴도는 뿌리로 인한 결함은 이런 뿌리가 발생하지 않도록 예방할 수도, 발생한 결함을 교정할 수도 있다. 우선 작은 구멍이 뚫린 용기나 안쪽 면이 수산화구리($Cu(OH)_2$)로 도포된 용기를 사용하면 뿌리가 맴도는 것을 예방할 수 있다. 수평으로 자라는 측근은 앞서 언급한 직근과 마찬가지로 공기와 접촉하거나 뿌리에 유독한 구리 성분과 접촉하면 더 이상 나아가지 못하게 된다.

이러한 예방 조치에도 불구하고 맴도는 뿌리가 발달하면, 옮겨심기 전에 이를 바로잡아 주어야 한다. 이때 많은 사람들이 근원으로부터 방사방향으로 근분을 절단하는 잘못을 저지르는 경우가 많은데(그림 108, 가운데, 절단 B), 이렇게 하면 절단된 뿌리의 방향이 바뀌지 않기 때문에 새로 발생한 뿌리도 계속 맴돌게 되어 결함이 교정되지 않는다. 올바른 방법은 새로운 뿌리가 바깥을 향해 자랄 수 있

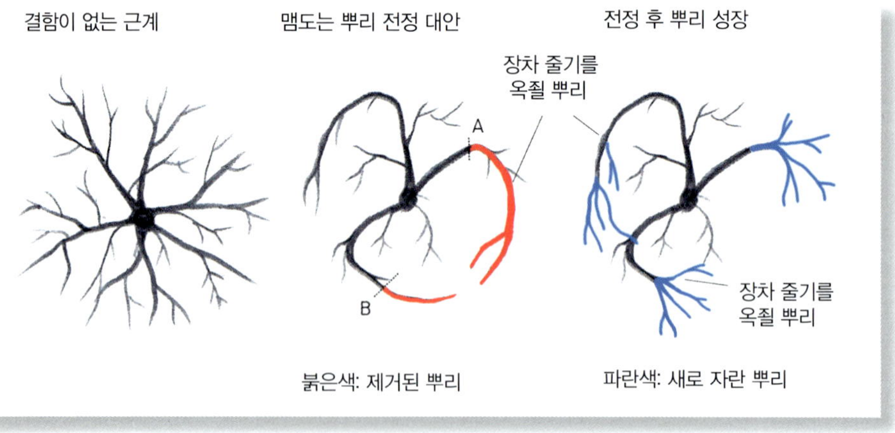

그림 108 방사상으로 균형 잡힌 튼튼한 근계(왼쪽)를 구축하기 위해서는 맴도는 뿌리를 꺾이기 이전(A)에 절단해야 한다. (Gilman, 2013)

도록 맴도는 뿌리가 꺾이기 전에 절단하는 것으로(그림 108, 가운데, 절단 A), 이를 위해서는 근분의 외곽을 한 꺼풀 벗겨내듯이 제거해야 한다.

2) 이식 전 단근

단근(斷根, root pruning)은 야생에서 자라는 나무를 이식할 때와 농장에서 어린 나무를 재배할 때 각각 실시하고 있다. 야생에서 자라는 대경목의 경우, 광범위한 근계를 형성하고 있기 때문에 굴취 후 즉시 식재하는 것보다 시간을 가지고 사전에 뿌리를 절단하는 단근을 통해 새로운 뿌리를 많이 유발하면 이식 후 생존율을 높일 수 있다.

농장에서는 재배 수목이 생장함에 따라 더 넓은 공간으로 이식하면서 자연스럽게 단근을 실시하게 되는데, 이에 대한 선진국의 작업 표준이나 관행에는 차이가 있다. 미국은 야생의 대경목에 대해서는 단근을 권고하지만 농장에서 재배되는 조경수에 대해서는 특별한 규정이 없다. 반면, 유럽은 출하 수목의 크기(지상 1m에서의 직경)에 따라 3회(직경 3.8cm)에서 6회(직경 19cm)까지 농장 내에서 이식을 실시하도록 규정하고 있다.

이러한 차이는 이식할 때 제작하는 근분의 크기에 영향을 미치는데, 수간 직경 19cm 나무의 경우, 이식 횟수에 대한 규정이 없는 미국은 직경(지상 30cm)의 10배 정도의 상대적으로 큰 근분을 권고하지만, 유럽은 직경(지상 1m)의 6.8배에 상당하는 상대적으로 작은 근분을 제작하는 것을 수용하고 있다.

3) 공사 중 뿌리 절단

도시는 동적인 공간이기 때문에 크고 작은 공사가 끊이지 않으며, 이 과정에서 많은 나무들이 뿌리가 절단되는 피해를 입게 된다. 뿌리 절단은 지상부 생장 위축은 물론 나무의 안정성에도 결정적인 영향을 미치기 때문에 최소화되도록 노력해야 하는데, 선진국에서는 수관폭 안쪽 또는 줄기 직경의 6~18배에 해당하는 구역에 있는 뿌리는 보호하도록 권고하고 있다. 이에 대한 자세한 내용은 "33. 선진국의 공사 시 수목 보호조치"를 참고하기 바란다.

4) 뿌리 절단 적기

뿌리를 절단하는 시기가 뿌리 발달에 미치는 영향을 연구한 사례는 많지 않다. 일부 실험에서 봄부터 여름까지 절단된 뿌리의 끝으로부터 새로운 뿌리가 수간으로부터 멀리 방사상으로 빠르게 자라는 것이 확인되었지만, 가을과 겨울에 실시한 뿌리 전정에 대한 실험은 거의 없는 실정이다.

이처럼 뿌리 전정의 적기가 언제라고 단언하기는 어렵지만, 지상부의 전정 적기가 일반적으로 생육초기인 점을 감안하면, 뿌리도 비슷한 시기에 절단하는 것이 좋을 것이다. 다만, 뿌리의 생장이 지상부보다 먼저 시작하여 늦게 끝나기 때문에 뿌리 전정은 지상부보다 다소 일찍 시작해도 문제가 없을 것으로 판단된다.

42 소관목 전정은 초본을 다루듯이

나무는 크기에 따라 교목과 관목으로 나누지만 이를 명확하게 구분하는 것은 쉬운 일이 아니다. 교목 중에도 관목에 가까운 소교목이 있듯이, 관목 중에도 크기가 상대적으로 큰 대관목이 있다. 그러나 나무 중에는 소나무나 느티나무처럼 누가 보아도 교목이라고 인정할 수 있는 나무가 있듯이, 개나리나 조팝나무 등은 관목으로 분류하는데 이의가 없을 것이다.

지금까지 다룬 전정 관련 작업은 교목과 함께 관목 중에서 상대적으로 크게 자라는 대관목을 대상으로 하였는데, 이러한 나무들은 굵은 수간을 형성하면서 상대적으로 오래 살기 때문에 구조전정을 비롯한 장기적인 관점에서의 관리가 필요하다.

반면, 소관목은 대부분 지면에서 여러 개의 줄기가 발생하고 이들의 수명도 상대적으로 짧은 등 초본에 가까운 생장 습성을 가지고 있기 때문에 이들 소관목에 대한 전정은 초본을 다루듯이 해도 큰 문제가 없을 것이다.

1) 솎기(thinning)

발생한 지 오래된 줄기가 많이 있거나 수관의 밀도가 과도하게 높은 경우에는, 키가 큰 줄기를 포함하여 전체 줄기의 1/3 정도를 늦겨울이나 초봄에 지표면 가까이에서 제거해주면 키가 전반적으로 작아지면서 수관도 성기게 된다(그림 109). 이후 봄에 생장이 시작되면 줄기 기부와 절단 부위 근처에 있는 휴면아로부터 왕성하고 직립하는 새로운 줄기가 발생하고, 여기에서 싱싱한 잎이 전개되기

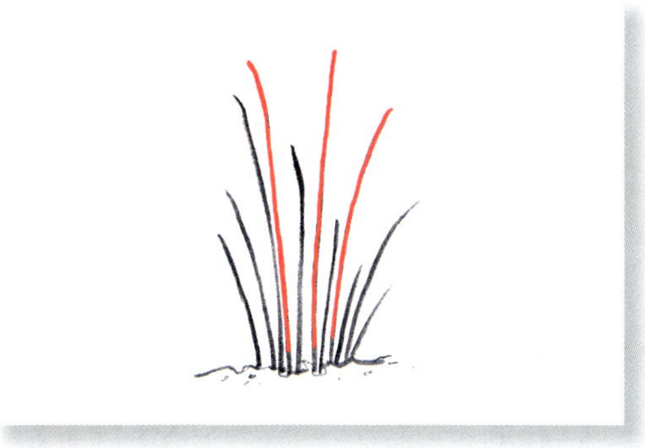

그림 109 오래되고 키가 큰 줄기(붉은색) 일부를 지면에서 절단하면 수관의 밀도와 높이를 낮출 수 있다. (Gilman, 2003)

때문에 전체 관목이 갱신된 것처럼 보인다. 이러한 솎기 작업은 매년 또는 격년으로 반복할 수 있다.

2) 갱신(更新, rejuvenating)

잎이나 가지가 상단부에 집중되어 있거나 활력이 약화된 오래된 관목, 과도하게 자라 주변을 침범하는 관목 등은 생육기 초에 지표면 가까이에서 지상부를 절단하여 제거하면, 새로운 생장이 왕성하게 발생하여 새로운 수형을 연출할 수 있다. 반면 현재의 경관에 큰 변화를 주지 않고 이를 갱신하고 싶다면 전체 줄기를 내년 1/2~1/3씩 2~3년에 길쳐 제거하면 된다(그림 110).

대부분의 관목들은 이처럼 강한 전정에 견딜 수 있지만, 주목이나 일부 향나무를 제외한 대부분의 침엽수는 그루터기에서 맹아지를 발생시키지 못하여 갱신을 위해 강전정을 실시하면 죽을 수도 있기 때문에 잎이 없는 오래된 가지나 줄기를 두절해서는 안 된다. 또한 접목된 관목을 접목 부위보다 아래쪽에서 절단하면 대목에서 발생하는 흡지(吸枝, sucker)에서 다른 꽃이 필 수 있으므로 주의해야 한다.

3) 수관 밀도 높이기

새로이 발생한 가지가 아직 부드럽고 유연한 시기인 늦봄에 신초를 적심하거나 두절하면 나무의 생장을 억제하면서 수관의 밀도를 높일 수 있는데, 신초

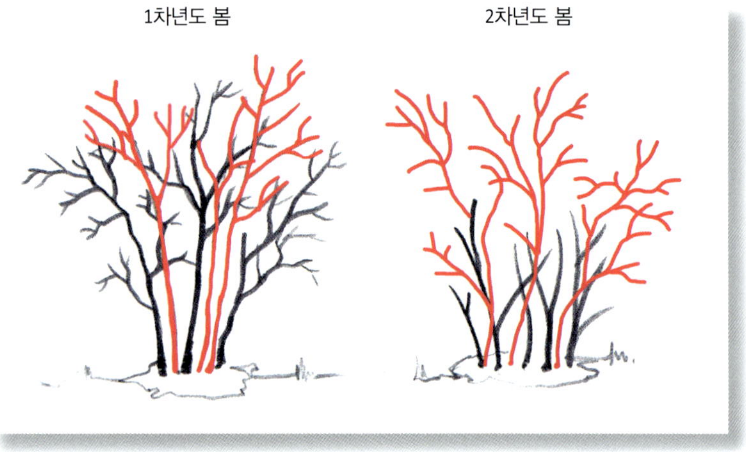

그림 110 오래된 관목의 줄기를 1/2씩(붉은색) 2년에 걸쳐 제거하면 경관에 큰 변화를 주지 않고 갱신할 수 있다. (Gilman, 2003)

의 길이가 15~30cm 정도 자랐을 때 절단하면 전정하지 않은 것처럼 자연적인 모습을 연출할 수 있다.

4) 전정 시기

교목과 마찬가지로 꽃을 감상하는 관목의 전정시기도 꽃눈의 분화시기를 고려하여 결정해야 한다. 지난해 줄기에서 꽃이 피는 관목은 꽃이 피고 난 직후 다음 해 꽃눈이 만들어지기 전에 전정해야 하며, 당년지에서 꽃이 피는 관목은 초여름에 이르기까지 꽃눈이 형성되기 전에 전정하면 된다.

정원이나 공원에서 무리로 식재되어 눈길을 끄는 관목은 식재 후 추가적인 관리를 하지 않고 자연 수형으로 생장하도록 방임하기도 하고 토피아리처럼 일정한 크기와 형태로 유지시키기 위해 매년 다듬어주기도 한다. 이른 봄에 꽃이 피는 관목인 경우, 자연 수형으로 자라도록 방임하면 꽃눈이 피해를 입지 않기 때문에 봄에 아름다운 꽃을 감상할 수 있다(그림 111, 왼쪽). 반면 정형적인 형태 유지를 선호하는 경우, 생장이 끝난 가을에 일정한 높이에서 깎아 다듬기를 하는데, 이때 꽃눈이 원하는 크기 바깥으로 자란 줄기와 함께 제거되기 때문에 이듬해 꽃을 감상할 수 있는 기회는 포기해야 할 것이다(그림 111, 오른쪽).

꽃을 보기 위한 관목이 아닌 경우에는 일 년에 한 번 늦겨울이나 초봄에 전정하는 것이 좋다. 늦여름이나 가을에 갱신 등 강전정을 실시하면 새로운 생장

그림 111 이른 봄에 꽃이 피는 관목의 경우, 자연수형으로 자라도록 방임하면 아름다운 꽃을 감상할 수 있으나(왼쪽), 일정한 형태로 깎아 다듬기를 하면 제거되는 줄기와 함께 꽃눈이 사라지기 때문에 꽃을 감상하는 즐거움은 줄어든다(오른쪽).

을 자극하기 때문에 절단 부위 주변에서 발생한 새로운 줄기는 겨울 동안 동해를 입을 수 있을 수 있다.

9 위험하고 오래된 나무의 올바른 관리

43 학대당한 나무는 보복한다

1) 나무의 이중성

나무는 아름다운 경관을 조성해주고, 여름에는 시원한 그늘을 제공하면서 겨울에는 찬 겨울바람을 막아주며, 이산화탄소를 흡수하여 대기오염을 줄여주는 등 우리들에게 다양한 편익을 제공하는 고마운 유기체이다.

그러나 이러한 편익은 저절로 확보되는 것이 아니다. 여러 차례 강조한 바와 같이, 이러한 편익을 누리기 위해서는 나무를 구조적으로 튼튼하고 활력적으로 건강하게 키워야 하는데, 이를 위해서는 지속적인 관심과 올바른 유지관리가 필요하다. 만약 이러한 노력을 게을리 하고 함부로 다루면 나무는 우리의 생명과 재산을 위협하는 무서운 존재로 돌변하게 될 것이다(그림 112).

2) 위해란?

위해(危害, hazard)의 사전적인 정의는 '사람의 생명과 건강, 재산, 환경에 위협을 주는 상태'라고 되어 있다. 따라서 나무에 의한 위해는 나무로 인해 인간이 이러한 상태에 놓이게 되는 것을 의미한다.

그림 112 강풍으로 인해 쓰러진 가로수에 의해 피해를 입은 주택.

나무가 이처럼 위해하기 위해서는 ① 쉽게 파손될 수 있는 나무의 결함, ② 나무가 파손되는 경우 피해를 입을 수 있는 사람이나 재산 등의 대상물, ③ 나무의 파손을 부추길 수 있는 태풍이나 폭설 등의 극한적인 환경 등 세 가지 요소가 구비되어야 한다.

따라서 위해한 나무는 우리 주변에 있는 도시 수목들 중에 존재하게 되며, 파손되더라도 인명이나 재산에 피해를 주지 않는 깊은 산속의 나무는 위해하다고 말하지 않는다.

3) 우리의 현황

성목으로 자라고 있는 도시수목: 우리가 도시에 나무를 집중적으로 식재하기 시작한 것은 86아시안게임과 88올림픽게임을 앞두고 대대적인 도시미화 운동을 실시하면서부터라고 할 수 있다(그림 113). 그로부터 30년이 흐른 현재 이들 나무의 나이는, 식재 당시 나무의 나이가 10~20세였음을 고려하면, 40~50세 정도가 된다.

이 정도 나이는 수백 년에 달하는 나무의 수명을 감안하면 아직 중년기에 불과하다고 생각할 수 있지만, 그 크기는 이미 우리를 위협하기에 충분하고, 자연환경보다 인위적인 간섭이 많아 수명이 상대적으로 짧은 도시 환경에서는 성년에 이르렀다고 볼 수 있다.

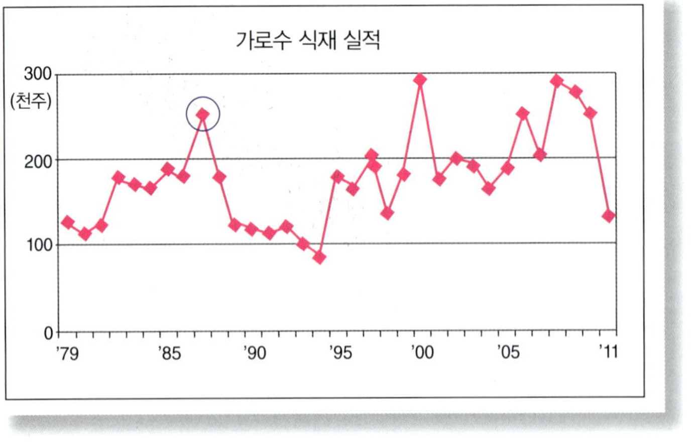

그림 113 86아시안게임과 88올림픽게임 직전에 가로수를 비롯한 도시수목이 집중적으로 식재되었다.

결함을 유발하는 관리 관행: 지금까지 살펴본 바와 같이, 우리의 수목관리 관행은 신중하지 못한 수종 선정으로부터 큰 나무 이식 선호, 식재 후 방치, 무자비한 두절, 나무의 안전을 고려하지 않는 뿌리 절단 등 매우 후진적이다. 이로 인해 우리 주변에는 건전한 나무를 찾아보기 어려울 정도로 모든 나무가 결함을 가지고 있는 실정이다.

이러한 결함은 외부에 노출되어 있는 경우도 있지만 대부분 줄기의 내부가 부후되어 있어서 평소에는 아무런 문제가 없는 것처럼 보이지만 태풍 등 극한적인 기상 상태가 발생하면 넘어지거나 부러지면서 우리에게 피해를 주게 된다(그림 114).

이상 기후 빈발: 최근에는 지구의 온도가 상승하면서 과거에 볼 수 없었던 이상 기후가 빈번하게 발생하고 있다. 유엔 식량농업기구(FAO)가 2015년 11월 26일 발표한 자료에 의하면, 2003~2013년 동안 발생한 가뭄, 홍수, 폭풍 등 자연재해 건수는 1980년대 대비 두 배 가까이 증가하였고, 이로 인한 경제적 손실은 1.5조 달러(1,727조 원)에 이른다고 한다.

우리나라의 경우도 태풍과 가뭄 등 이상기후가 반복적으로 발생하면서 나무에 피해를 입히고 있는데, 2010년 9월 초에는 태풍 곤파스로 인해 전국적으로 25만 그루의 나무가 피해를 입었고, 2012년에는 순간 최대풍속이 초속 52m에 달하는 볼라벤을 포함하여 평년(3.1개)보다 많은 5개의 태풍이 한반도에 상륙하

그림 114 수간 내부가 부후되면 평소에는 튼튼해 보이던 나무가 태풍에 쉽게 쓰러져서 인명과 재산에 피해를 준다.

였으며, 2014년 6월에는 경기도 일산에서 경운기를 들어 올릴 정도의 토네이도(tornado)가 발생하였다.

이처럼 우리가 매년 경험하고 있는 태풍 같은 기상현상은 더욱 강력해지고 있고, 여기에 더하여 지금까지 경험하지 못했던 토네이도에 이어 외국에서 겨울에 큰 피해를 주고 있는 얼음비(freezing rain)나 얼음폭풍(ice storm)이 발생할 가능성 또한 배제할 수 없는 상황이다.

이렇게 결함을 가진 나무가 수적으로 증가할 뿐만 아니라 크기도 증대되고 있는 상황에서 이들의 파손을 부추길 수 있는 이상 기후 발생 빈도도 늘어나고 있어서 나무에 의한 위해 수준이 이미 우려할 수준을 넘어섰다고 판단할 수 있다.

4) 위해관리 방안

이처럼 현실화되어 있는 나무로 인한 피해에 대응하기 위해서는 이를 최소화하기 위한 방안이 하루빨리 마련되어 실행되어야 하는데, 아직 이에 대한 시급성을 인식하지 못하고 있는 것 같아서 안타깝기 짝이 없다.

나무의 위해 관리 방안은, 앞서 언급한 위해 구성 요소에서도 알 수 있듯이, 주로 나무의 결함을 최소화하는데 집중될 수밖에 없는데, 이를 편의상 단기적인 방안과 장기적인 방안으로 구분하여 살펴보고자 한다.

단기 방안: 단기적으로는 현재 식재되어 있는 나무를 구조적으로 튼튼하게 육성하고 보호하는 것이 중요하다. 이를 위해서는 우선 일정 크기 이상의 도시 수목에 대한 위해여부를 주기적으로 평가하고, 이를 기준으로 관리방안을 마련하는 것이다. 선진국에서는 1~2년마다 주기적으로, 그리고 태풍 등의 이상 기후 발생을 전후하여 추가로, 나무의 구조적인 결함과 줄기의 내부 부후 여부를 점검하고 이들의 위해 정도를 정량적으로 평가한 다음 대책을 마련하고 있다.

이들 방안에는 붕괴 위험이 큰 나무의 제거도 포함되어 있는데, 제거 대상 나무는 노거수인 경우가 대부분이기 때문에 이를 안전하게 제거하는 것이 중요하다. 따라서 선진국에서는 나무를 안전하게 등반할 수 있는 전문가로 하여금 이 작업을 수행하도록 하는데, 다행히 우리나라에도 이러한 기술을 가진 전문가가 양성되고 있어서 위해한 나무 제거에 도움이 될 것으로 기대된다(그림 115).

다음으로 나무의 안전을 저해하는 관리 작업을 지양하는 것이다. 앞서 필자

그림 115 거대한 위해 수목을 안전하게 제거하고 있는 수목관리 전문가(Arborist).

는 공사 중 나무의 뿌리를 보호하는 조치, 크기를 줄일 때에는 두절 대신 축소절단으로, 나무가 유합할 수 없는 큰 상처를 만드는 굵은 가지 제거 삼가, 조밀한 가지 솎아주기 등 올바른 수목 관리방안을 수없이 강조한 바 있다.

장기 방안: 장기적인 위해관리 방안 역시 지금까지 여러 차례 언급한 적이 있다. 가장 기본적인 방안은 해당 부지에 적합한 수종을 선정하여 올바르게 식재하는 적지적수(適地適樹)이다. 지금처럼 과도한 관리 작업이 필요하고 문제가 계속 발생하는 것은 대부분 식재부지보다 크게 자라는 나무를 식재한 다음 방치했기 때문인데, 처음부터 성목이 되어도 해당 부지의 크기를 초과하지 않는 나무를 식재했다면 이러한 문제는 발생하지 않을 것이다.

우리의 또 다른 좋지 못한 관행은 이미 특정 부지에 정착하여 자라고 있는 큰 나무를 이식하는 것이다. 이 과정에서 절단되는 굵은 뿌리와 가지의 상처는 아물지 못하기 때문에 이런 나무가 위해하게 되는 것은 시간문제일 뿐이다(그림 116). 미국의 경우, 지상 30cm에서의 직경이 20cm인 나무를 이식할 때에는 직경의 8~10배 크기의 근분을 제작하도록 규정하고 있으며, 식재 후에도 30년 동안 전정을 비롯한 사후관리 계획을 수립하여 실행할 것을 권고하고 있다.

이러한 장기계획 수립과 실행은 차치하더라도, 굵은 가지와 줄기가 잘려나간 흉물스런 큰 나무 대신 수형이 좋고 건강한 어린 나무를 식재하여 잘 키우는 관행부터 정착시켜나가는 데 힘을 모아야 할 것이다.

그림 116 이식할 때 절단되어 썩어 들어가고 있는 굵은 가지 주변에 맹아지가 밀생하여 얇은 목질부에 위태롭게 붙어 있다.

44 구조보강은 과학적으로

구조적으로 튼튼한 나무를 식재한 다음 취약한 구조가 발생하지 않도록 지속적으로 관리해주고 여기에 나무 스스로의 구조적인 최적화 노력이 더해진다면 나무로 인해 인명이나 재산이 피해를 입는 위해한 경우는 최소화될 것이다.

그러나 이렇게 튼튼한 나무도 성목을 지나 노쇠기에 접어들면 스스로 회복할 수 있는 힘이 약화되는데, 이러한 상태에서 예상하지 못한 상처를 입으면 구조적으로 취약한 부위가 발생하게 된다. 이처럼 구조적으로 취약한 부위는 태풍 등 기상악화로 평소보다 큰 부하가 걸리면 파손될 수 있으므로 이를 예방하여 나무의 수명을 연장시키고 편익을 유지시키기 위해 구조를 보강하는 조치를 취하게 되는데, 이때 설치하는 수목 지지시스템(tree support system)이 줄당김(cabling), 쇠조임(bracing), 지지대(propping) 등이다.

우리 주변에도 노거수나 파손 위험이 있는 취약한 나무를 대상으로 이러한 지지시스템을 설치하고 있으나, 그 방법이 올바르지 못해 취약한 구조를 보강하기는커녕 새로운 피해를 초래하는 경우를 많이 볼 수 있다(그림 117). 이렇게 그릇된 시공으로 인해 발생하는 나무의 피해를 줄이기 위해 지지시스템을 설계하고 시공할 때 지켜야 할 몇 가지 기본적인 원칙을 소개하고자 한다.

그림 117 한 지점에 여러 방향의 버팀줄을 연결하고, 고정장치를 너무 낮게 설치하는 등 그릇된 줄당김 시공사례를 많이 볼 수 있다.

1) 줄당김(cabling)

줄당김은 가지나 줄기가 일정한 거리를 유지하면서 움직일 수 있도록 쇠줄이나 밧줄로 서로 연결해주는 것을 말하는데, 이때 중요한 점은 줄을 거는 고정 장치의 설치 위치, 줄과 고정 장치의 설치 각도 등이다.

그림 118에서 보는 바와 같이, 줄을 거는 고정 장치는 지지를 받는 가지의 위쪽 2/3 지점에 버팀줄과 평행하게 설치하는 것이 좋고, 버팀줄의 각도는 가지와 줄기가 이루는 각도를 이등분하는 선과 직각으로 만나도록 유지해야 한다.

버팀줄의 설치 위치가 뷴기로부터 멀수록 설치효과는 커지겠지만 2/3보다 위쪽은 가지가 너무 가늘어서 예상되는 부하를 견디기 어려울 수도 있을 것이다. 그리고 버팀줄이 연결되어 있는 고정장치가 버팀줄과 평행하지 않으면 지지를 받는 가지가 움직일 때마다 고정 장치가 움직이기 때문에 줄기와 가지에 설치된 고정장치 주변의 상처가 확대되는 피해가 발생한다.

2) 쇠조임(bracing)

우리는 줄당김을 하면서 브레이싱을 한다고 잘못 말하고 있는데, 브레이싱은 쇠막대를 분기(分岐, crotch) 주위에 설치하여 분기가 찢어지는 것을 예방하는 작업으로 쇠조임이라고 부른다. 이처럼 분기 가까이에 설치하는 쇠조임은 수관에

그림 118 버팀줄의 고정장치는 가지의 위쪽 2/3 지점에, 버팀줄은 줄기와 가지가 만드는 각도를 이등분하는 선과 직각이 되도록 설치하고(위), 고정장치는 버팀줄과 수평이 되도록 설치해야 한다(아래). (TCIA, 2006/2013)

걸리는 부하를 견디기에는 강도가 부족할 수 있기 때문에 줄당김을 추가로 설치하기도 한다.

설치하는 쇠막대의 위치는 분기를 중심으로 분기의 아래일 수도 있지만 강도를 높이기 위해 분기의 위에 설치하는 것이 좋다. 분기의 위쪽에서 쇠막대로 조여 줄 경우, 연구에 의하면, 분기로부터 설치 대상 두 줄기 중 굵은 줄기 직경의 1~2배 거리 안에 설치하는 것이 가장 효과적인 것으로 나타났다(그림 119).

3) 지지대(propping)

지지대는 아래로부터 지지력을 제공하기 위해 지면과 가지 또는 수간 사이에 설치하는 단단한 구조물로, 길고 무겁고 낮게 자라는 측지나 기울어진 수간을 받치기 위해 사용된다. 그런데 지지대에 관한 연구가 미흡하여 이의 설치에 관한 표준화된 작업 기준이 제시되지 못하고 있으며, 이로 인해 매우 다양한 형태로 설치되고 있는 실정이다.

그런데 취약한 분기를 보강하는 줄당김이나 쇠조임과 달리 지지대는 나무를 더욱 취약하게 만드는 부작용이 나타날 수 있기 때문에 과도한 지지가 되지 않도록 조심해야 한다. 나무는 가지의 무게가 증가하면 이를 지탱하기 위해 스스로 조직을 보강하는데, 설치된 지지대가 이 역할을 대신하면 나무는 지지대에

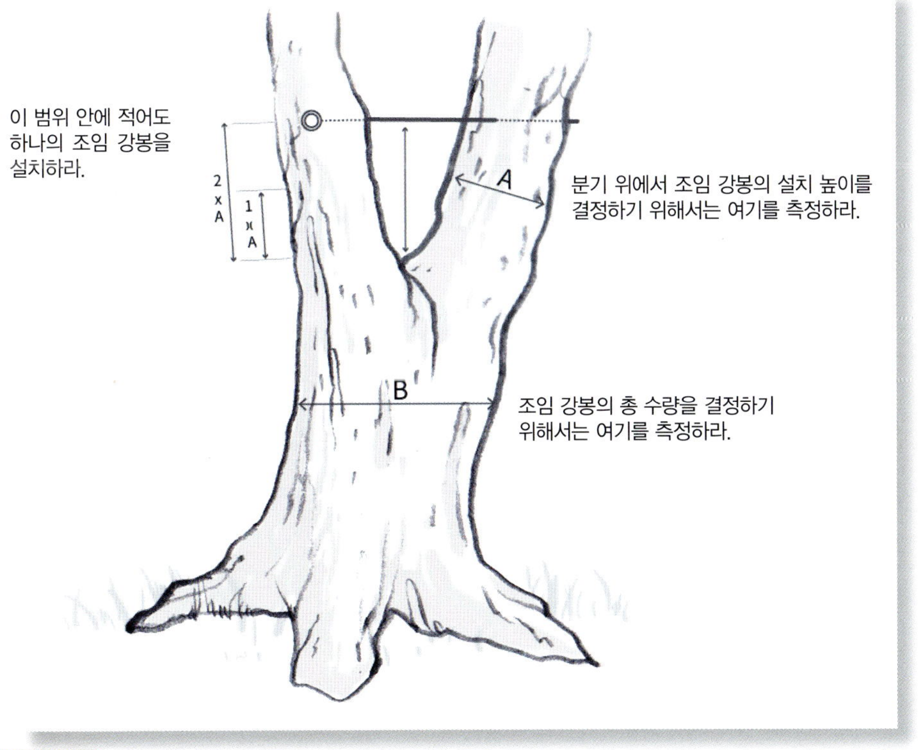

그림 119 쇠조임을 위한 쇠막대는 분기로부터 굵은 줄기 직경의 1~2배 범위 안에 설치하는 것이 좋다. (ISA, 2014)

기대어 지지력을 보강하는데 사용해야 할 에너지를 줄기의 신장에 활용함으로써 가지의 길이는 더욱 길어지기 때문에 가지를 따라 지지대를 계속 설치해주어야 한다(그림 120).

지지대를 설치할 때 유의해야 하는 점은 지지를 받고 있는 가지나 수간이 지지대와 분리되지 않도록 고정시키는 것인데, 이때 지지대와 나무를 묶기 위해 사용하는 밧줄이나 끈은 가지의 직경생장을 제한하지 않도록 주기적으로 조절해 주어야 하고, 가능하다면 나무에 피해를 주지 않는 범위 내에서 가지의 움직임을 제한적으로 허용하는 것이 좋다.

국제수목관리학회(ISA, International Society of Arboriculture)에서 발간한 매뉴얼(Best Management Practice)에 제시된 지지대 설계개념을 소개하면, 지지대와 가지를 일정한 거리를 두고 핀(pin)이나 볼트(bolt)로 고정하거나(그림 121, 왼쪽), 가지가 어느 정도 움직일 수 있도록 위에서 당겨주는 구조물을 설치하여(그림 121, 오른쪽) 지지대와 가지를 고정시키면서도 가지의 직경생장에는 지장을 주지 않도록 하고 있다.

그러나 이러한 지지시스템이 나무의 구조적인 결함을 해결하는 데는 한계가 있기 때문에 지지시스템에 대한 과도한 신뢰는 경계해야 한다. 그리고 지지시스템 설치는 나무에 크고 작은 상처를 유발하기 때문에 설치에 앞서 정확한 진단

그림 120 지지대의 지지를 받는 가지는 길이 신장을 지속하기 때문에 계속해서 지지대를 추가해주어야 한다.

그림 121 가지의 직경생장에 지장을 주지 않으면서 지지대와 가지를 고정시키기 위해 핀이나 볼트로 고정하는 방법(A, B, C 방법)과 가지의 움직임을 허용하면서 지지력을 제공하는 방법(D). (ISA, 2006)

이 필수적이다. 진단 결과, 가벼운 결함인 경우 가지솎기 등 가지의 무게를 줄이는 방법으로 해결하는 것이 좋고, 결함이 심각하여 이러한 지지시스템으로 보완이 어려울 것으로 판단되면 해당 가지 또는 나무를 제거하는 것도 적극적으로 고려하여 피해 발생을 사전에 차단하는 것이 현명한 선택일 것이다.

45 노거수 공동관리의 역사

1) 불가피한 공동 발생

나무는 생장과정에서 자연스럽게 가지가 고사하거나, 태풍을 포함한 다양한 악천후로 인해 줄기나 가지가 부러지는 등의 상처가 발생하게 되는데, 어릴 때에는 이를 성공적으로 유합할 수 있지만 성숙기를 지나 노쇠기에 접어들면 이에 대한 대처능력이 떨어지기 때문에 상처에서 시작된 부후가 지속적으로 확대되면서 커다란 공동(空洞)으로 발달하게 된다(그림 122).

이처럼 목재가 부후하여 공동이 발생하는 것은 나무가 발아하여 생장한 다음 노쇠하여 다시 자연으로 돌아가는 생태계의 자연스러운 물질순환과정의 일환이며, 이러한 현상은 인간이 나타나기 전부터 수억 년 동안 반복되어 왔고, 앞으로도 계속될 것이다.

2) 공동관리의 필요성

우리는 역사적, 학술적, 문화적, 관상적 가치가 높은 나무를 천연기념물로 지정하여 보호하고 있는데, 이들은 일반적으로 동종의 다른 나무보다 수령이 오

그림 122 수령이 1,000년 이상 된 녹나무의 수간에 커다란 공동이 생겼는데, 일본은 이러한 공동을 개방된 상태로 유지하고 있다.

래되고 몸집이 클 뿐만 아니라 치유하지 못한 상처로 인해 수간에 커다란 공동을 가지고 있다(그림 122, 123). 이러한 노거수들은 원형을 유지하면서 오랫동안 살아갈 수 있도록 도와줄 필요가 있는데, 이때 거론되어온 보호조치 중 하나가 수간에 있는 공동을 치료해주는 것이었다.

나무의 공동은 이렇게 보호가 필요한 중요한 노거수뿐만 아니라 성장과정에 있는 나무에서도 발생할 수 있는데, 이러한 어린 나무에 발생한 공동을 올바르게 치료해 줄 수만 있다면 구조적으로 튼튼한 나무로 자라는 데 크게 도움이 될 것이다.

3) 공동 충전의 역사

나무의 공동 충전에 관한 최초의 기록은 식물학의 아버지로 불리는 그리스의 Theophrastus가 BC 300년경 저술한 *Enquiry into Plants*에 나타나 있다. 근

그림 123 천연기념물로 보호되고 있는 나무들은 크기가 엄청나게 클 뿐만 아니라 수령이 오래되어 취약한 부위가 많다(용문시 은행나무).

대에 와서는 1598년 Lawson이 'A New Orchard and Garden'에서 공동 충전을 비롯한 수목관리 작업 전반을 다룬 바 있으며, 영국 Charles II의 요청을 받은 Evelyn은 1664년 그의 저서에서 공동을 석유나 타르로 처리할 것을 최초로 권고하였다.

나무의 외과수술을 과학화한 사람은 George III의 정원사였던 Forsythe인데, 그는 1790년 그의 저서에서 공동을 완전히 청소한 다음 그가 고안한 소똥, 석회, 나무재, 모래를 배합한 자재로 충전할 것을 제안하였는데, 이러한 방법은 100년 이상 시행되었다.

이후 충전재가 콘크리트로 바뀌었지만 공동 충전작업은 1930년경까지 수목관리 작업의 대부분을 차지하는 핵심이었으며, 이에 따라 수목관리 작업도 Tree Surgery(수목 외과수술)라고 불렀다. 당시에는 나무의 공동을, 충치로 인해 손상된 치아를 치료하는 것처럼, 부후된 부위와 건강한 조직의 일부를 제거한 다음 단단한 물질로 채워 상처를 밀폐하면 부후 곰팡이로 인한 공동의 부후가 확산되는 것을 막을 수 있을 것이라고 믿었다.

이러한 공동 충전은 수목관리자의 부를 축적하는 데 크게 기여하였으며, 이렇게 축적된 부는 미국의 수목관리가 크게 도약하는 계기가 되었다. 이러한 당시의 상황을 근대 수목관리학의 아버지로 불리는 A.L. Shigo 박사는 미국의 수목관리가 부자들을 위한 공동 충전에서 출발했다고 한 마디로 정리하였다.

그러나 1930년을 전후하여 그때까지 시행된 충전방식에 의한 공동 부후 저지효과에 대해 의문이 제기되면서 공동을 개방해야 한다는 주장이 나타나기 시작했다. 이에 따라 민간 수목관리전문가 4명과 미국농무부(USDA) 산림병리학자 1명이 합동으로 공동 충전의 유효성에 관한 평가를 수행하였으며 그 결과를 1935년 전국녹음수회의(NSTC)에서 발표하였는데, 그 주된 내용은 공동 충전이 심재부후를 근절하거나 저지하지 못하고 있다는 것이었다(그림 124).

4) 선진국의 공동관리 현황

미국의 경우, 공동 충전작업은 1935년의 평가 결과, 우레탄 폼을 비롯한 다양한 충전재 개발에도 불구하고 공동의 부후 저지 실패, 제2차 세계대전 발발로 수목관리에 대한 관심 저하 등으로 급격하게 쇠퇴하였고, 1984년 Shigo 박사 팀에 의해 CODIT(수목의 부후 구획화, Compartmentalization of Decay in Trees) 개념이 정립되면서 더 이상 설 자리를 잃게 되었다. 이에 따라 1900년을 전후하여 수목관리작업

그림 124 공동을 충전하는 치료를 했음에도 불구하고 부후가 진행되고 있음을 보여주는 부후 곰팡이의 자실체(버섯)가 발생하고 있다.

의 95%를 차지했던 공동 충전은 1940년대에는 5%로 급감하였으며, 지금은 그 사례를 찾아보기 어려울 정도가 되었다.

이러한 상황을 반영하여 미국의 수목관리 관련 국가표준에는 이와 관련된 별도의 표준이 없으며, 전정 관련 표준에 수목조직을 손상시키는 상처지료제 사용을 금지하고, 상처를 조사할 때에는 푸석푸석하고 손상된 조직만 제거하도록 권고하는 규정 정도만 있을 뿐이다.

영국은, 수목관리 관련 국가표준인 BS 3998(2010 개정판)에서 공동이 건조한 경우 다른 작업을 위해 푸석푸석한 지저깨비나 부후한 목재 정도는 제거할 수도 있지만, 나무의 자연적인 방어벽을 파괴할 수 있는 건전한 목재의 절단이나 노출은 삼가도록 권고하고 있다. 그리고 물로 채워진 공동은 그 상태가 부후를 지연시키는 데 도움이 되고, 배수를 위해 구멍을 뚫으면 나무의 방어벽을 파괴하여 부후가 다른 건전한 목재로 확산되기 때문에 별도의 조치를 금지하고 있다.

다만 일부 개방된 공동이 방화나 기타 인간의 고의적인 파괴행위 등으로 피해를 입을 가능성이 있다고 판단되면, 사람의 접근을 저지하기 위한 울타리 설치 정도는 무방하며, 만약 충선이 유일한 효과적인 장애물인 경우에는 무독성

그림 125 상처가 완전히 유합되면 부후와 변색이 중단된다.

재료를 사용하도록 규정하고 있다.

일본은, 공동관리 관행이 충전에서 개방으로 넘어가고 있는 전환기인 것으로 판단된다. 크기가 작은 공동은 충전을 하되 나무나 작업자에게 유독하지 않는 자재(예: 유리섬유로 된 모르타르)를 사용하고자 노력하고 있고, 규모가 큰 공동인 경우에는 개방된 상태에서 내부가 건조하게 유지되도록 눈이나 비의 유입을 방지하는 정도의 조치를 취하는 경우가 늘어나고 있다(그림 122).

46 공동 충전의 기본원리와 용도

이처럼 선진국에서는 충전을 최소화하는 방향으로 나무의 공동을 관리하고 있음에도 불구하고 우리는 아직도 충전에 대한 찬반 의견이 대립된 상태에서 공동 관리에 대한 방향을 정립하지 못하고 있는 실정이다. 이에 따라 나무의 공동 관리와 관련된 기초이론을 살펴본 다음 바람직한 공동 관리방안을 제시하고자 한다.

1) 나무와 부후 미생물의 공격과 방어

다양한 외부 충격으로 인해 크고 작은 상처가 발생하고, 여기서 시작된 부후가 자신의 생존에 심각한 영향을 주게 되자 나무도 이러한 부후로부터 자신을 효과적으로 보호하기 위해 필요한 방어기작을 개발하게 되었다.

이러한 나무의 방어기작은 나무가 노쇠하여 기력이 쇠잔해질 때까지 작동하게 되는데, 공동을 올바르게 관리하여 나무를 건강하게 유지하기 위해서는 이러한 부후 미생물의 공격과 나무의 방어기작을 올바르게 이해하는 것이 중요하다.

상처를 공격하는 미생물은 바뀐다.

수피 또는 목재의 일부까지 찢어지는 상처가 생기면 상처 부위로부터 시작된 변색이 점차 나무 전체로 확산된다. 그런데 나무가 이러한 상처를 효과적으로 아물지 못하면 노출된 부위로부터 부후가 시작되고 시간이 지나면 커다란 공동으로 발전하게 된다.

이렇게 상처가 발생한 다음 목재가 변색되고 부후로 인해 공동이 생기는 것은 각 단계별로 역할이 다른 미생물이 활동하기 때문인데, 이처럼 상처발생으로부터 부후에 이르기까지 단계별로 공격하는 미생물이 바뀌는 것을 미생물 천이(微生物遷移, microbial succession)라고 부른다.

나무에 상처가 발생하면 초기에는 주변에 있던 세균, 곰팡이류와 함께 상처 부위에서 흘러나오는 수액을 이용하기 위해 곤충과 소동물들이 몰려드는데, 오래지 않아 생명체의 종류가 점차 감소하여 주로 세균과 곰팡이류만 남게 된다. 이때부터 미생물과 나무의 치열한 공방이 시작되는데, 나무는 스스로를 보호하기 위해, 병원성 미생물들은 목재를 변색시키기 위해 각각 관련 물질과 효소를 생산함으로써 상처 표면으로부터 목재의 색이 변하기 시작한다.

변색단계를 거친 후에도 상처가 계속 노출되어 있으면, 목재부후균이 이 부위를 우점하면서 미세한 균사를 뻗어 나무가 만들어 놓은 방어벽을 뚫고 목재 내부로 침투하게 되고, 부후균의 활동이 지속되면 공동은 서서히 커지게 된다.

부후 곰팡이는 호기성(好氣性)이다.

이처럼 목재를 분해하는 대표적인 부후균은 우리가 버섯의 형태로 인식할 수 있는 담자균류(Basidiomyces)로서, 이들 목재부후균이 활발하게 활동하기 위해서는 상처발생 초기에 활동하는 다른 미생물보다 더 많은 산소를 필요로 한다.

따라서 상처가 개방되어 있으면 목재부후균의 활동에 필요한 산소가 충분히 공급되기 때문에 공동은 계속 확대되지만, 상처가 완전히 유합되어 산소 공급이 차단되면 활동이 크게 위축되기 때문에 더 이상 목재의 변색과 부후가 진행되지 않게 된다(그림 125).

나무는 상처발생 당시의 목재를 포기한다.

나무의 부후에 대한 방어기작은 CODIT(Compartmentalization of Decay in Trees)로 '35. 전정의 기초지식'에서 소개한 바 있다. 이는 상처 부위를 건전한 목재로부터 격리시키기 위해 나무가 앞뒤, 전후, 좌우에 걸쳐 차단벽을 구축하는 기작이다(그림 71).

그러나 Wall 1, 2, 3은 부후균의 공격을 효과적으로 방어하지 못하기 때문에 상처가 개방되어 있으면 부후는 계속 확산된다. 그러나 이러한 부후도 상처발생 당시에 형성층이 구축해 놓은 강력한 방어벽인 Wall 4는 파괴하지 못하는데, 이 때문에 공동은 상하 원통 형태로 발달하게 된다.

이처럼 나무가 상처 발생 당시까지 만든 목재를 모두 포기하면서 상처 이후에 만들어지는 목재를 부후로부터 보호하는 것은 오래 살기 위해 개발한 기작으로, 이는 자신이 살기 위해 꼬리를 자르고 도망가는 도마뱀의 전략과 유사하다고 할 수 있다.

이러한 구획화 기작은 나무에 상처가 발생할 때마다 작동하는데, 이를 통해 나무는 삶을 이어갈 수는 있지만 막대한 에너지를 소비하게 된다. 따라서 나무가 어리고 건강할 때에는 문제가 없지만 노쇠하면 상처를 구획화할 힘이 없기 때문에 작은 상처도 치명적인 부후를 초래하여 수명을 단축시킬 수 있다.

2) 공동 충전의 한계와 문제점

공동 충전을 통해 목재가 부후되는 것을 중단시키기 위해서는 충전물이 부후 곰팡이가 필요로 하는 산소의 공급을 완전히 차단할 수 있어야 한다. 이를 위한 충전작업이 20세기 초반까지는 충전자재로 시멘트나 모래 등을 사용하여 그 효과를 기대할 수 없었으나, 최근에는 접착력이 좋은 우레탄이나 에폭시 수지를 사용함으로써 공기가 부후 중인 목재에 접촉하는 것을 상당 수준 차단할 수 있게 되었다.

그러나 노거수에 발생한 공동은 일반적으로 지면으로부터 상단까지 관통되어 있기 때문에, 아무리 강한 접착력을 가진 충전재를 사용하여 철저하게 시공한다 하더라도 토양과 접촉하는 부위와 상단에 대한 공기접촉까지 저지하는 것은 불가능하다. 따라서 이 부위에서의 부후는 계속 진행될 수밖에 없을 것이다.

공동 충전의 또 다른 문제는 작업과정에서 새로운 상처가 발생한다는 것이다. 현재 널리 시행되고 있는 충전 방법은 유합조직이 충전 후의 표면 위로 자랄 수 있도록 수피를 제거하여 형성층을 노출시키는 것이다(그림 126). 이러한 수피제거는 나무에게 새로운 상처가 되고 이를 아물지 못하면 지금까지 형성된 목재가 모두 부후균의 공격 대상이 되기 때문에 활력이 떨어진 노거수에게는 치명적이어서 수명을 크게 단축시킬 수 있다.

또한 최근에는 부후된 부분을 제거할 때 나무의 방어벽을 훼손하지 않기 위해 노력하고 있지만 부분적인 손상은 피할 수 없는데, 이는 형성층 노출로 인한 상처와 함께 노거수에게 큰 부담으로 작용하게 된다.

그리고 공동 충전 과정에서 충전재와 목재가 완전히 밀착하지 못하면 공기가 차단된 상태에서도 활동이 가능한 혐기성(嫌氣性, anaerobic) 세균이 활동하면서 습도가 높고 악취가 나는 습재(濕材, wet wood)가 발생한다. 이는 목재의 강도 약화를 초래하지는 않지만 나중에 공기에 노출되면 부후가 더 빠른 속도로 진행되는 피해가 발생할 수 있다.

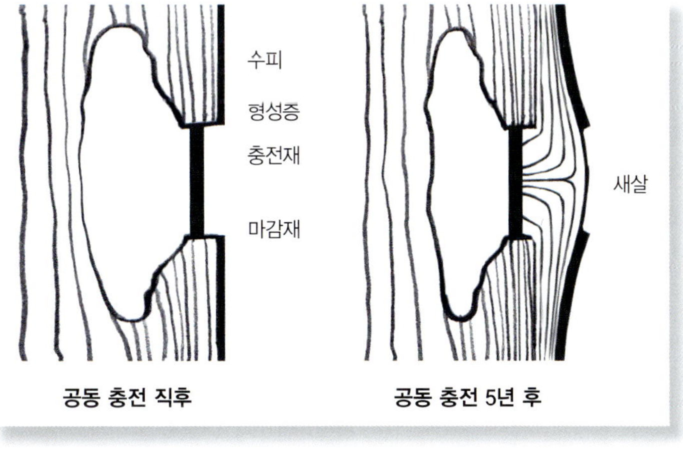

그림 126 공동을 충전한 다음 노출된 형성층 아래에서 미감하면 새살이 마감재 위로 자라서 유합한다.

3) 공동 충전의 효용

그러나 공동 충전을 올바르게 실시하면 수목 생장에 크게 도움이 되는 경우가 있는데, 그 대상은 다음과 같다.

- 상처를 효율적으로 유합할 수 있는 활력이 좋은 준성숙목에서
- 공동이 수간 내부에 한정되어 있어서 유합이 완료되면 공기 접촉이 완전히 차단될 수 있는 경우

이러한 공동은 상처가 완전히 유합되기 전에 상처부위 목재가 부후하여 생기는데, 이를 올바르게 충전한 다음 충전 마감재 표면 위쪽에서 형성층을 노출시켜주면 노출 부위가 빠르게 유합되어 건강하게 자라는 데 크게 도움이 될 수 있다(그림 126).

공동 충전의 또 다른 기능은 나무의 미관을 향상시키는 것이다. 보호할 가치가 있어 천연기념물로 지정된 노거수들 중에는 수간이 부후하여 커다란 공동이 있는 경우가 많은데, 이러한 공동을 원래 형태와 유사하도록 메워주면 보다 자연스러운 모습을 감상할 수 있을 것이다(그림 127). 이러한 작업을 수행할 때에는 나무에 상처가 발생하지 않도록 주의해야 하고, 충전 자재의 노후화로 인한 미

그림 127 나무의 미관을 향상시키기 위해 공동을 충전할 수도 있다.

관 악화를 방지하기 위해 주기적으로 보수 또는 재시공을 실시할 필요가 있다.

지금까지 우리는 부후균의 특성과 나무의 방어기작에 대한 이해가 부족한 상태에서 공동을 메우기에만 급급했던 것 같다. 앞으로는 이러한 과학적인 원리에 바탕을 두고 보다 나무의 생육에 도움이 되는 방향으로 공동을 관리하도록 노력해야 할 것이며, 공동을 충전할 때에는 작업의 목적을 명확하게 설정하여 나무에 불필요한 상처가 발생하지 않도록 유의해야 할 것이다.

참고문헌

이경준. 1995. 수목생리학. 서울대학교 출판부.

山田利博, 渡辺直明. 2006. 最新・樹木醫の手引き 改訂3版 p521-523. 東京都 財團法人 日本綠化センター.

Abbott, R.E. 1977. Commercial Arboricultural Practices in North America. J. Arboriculture 3:141-145.

Agrios, G.H. 2005. Plant Pathology (5th ed.). Elsevier.

American Nursery & Landscape Association. 2004. American Standard for Nursery Stock. American Nursery & Landscape Association, Washington DC.

Bernhardt, E., and T. Swiecki. 1993. The State of Urban Forestry in California. Sacramento: California Department of Forestry and Fire Protection.

British Standards Institution. 2010. BS 3998:2010 Tree work – Recommendations. British Standards Institution, London, UK.

Campana, R. J. 1999. Arboriculture History and Development in North America. Michigan State University Press, Ease Lansing, MI.

European Arboricultural Council. www.eac-arboriculture.com.

Fite, K., and T. Smiley. 2008. Best Management Practices – Managing Trees During Construction. International Society of Arboriculture, Champaign, IL.

Gilman, E.F.(이규화 역). 2012. An Illustrated Guide to Pruning (3rd ed.). Delmar, Clifton Park, NJ.

Gilman, E.F., and S.J. Lilly. 2008. Best Management Practices - Tree Pruning (Revised, 2008). International Society of Arboriculture, Champaign, IL.

Fite, K., and E.T. Smiley. 2008. Best Management Practices – Managing Tree During Construction. International Society of Arboriculture, Champaign, IL.

Harris, R.W., R.C. Clark, N.P. Matheny.(이규화 역). 2004. Arboriculture; Integrated Management of Landscape Trees, Shrubs, and Vines. Prentice Hall, Saddle River, NJ.

International Society of Arboriculture. www.isa-arbor.com.

International Society of Arboriculture. 2012. ANSI Z133-2012 Safety

Requirements. International Society of Arboriculture, Champaign, IL.

International Society of Arboriculture, and University of Illinois Board of Trustees. 1997. Plant Health Care for Woody Ornamentals – A Professionals Guide to Preventing and Managing Environmental Stresses and Pests. Printec Press, Champaign, IL.

Kielbaso, J.J. 1989. City Tree Care Programs: A Status Report. In G. Moll and S. Ebenreck, eds., Shading Our Cities. Washington D.C.: Island Press.

McPerson, E., and P. Peper. 2000. Costs Due to Conflicts Between Street Tree Root Growth and Hardscape. In: Strategies to Reduce Infrastructure Damage by Tree Roots. Proc. Symposium for Researchers and Practitioners. L. Costello, E. McPherson, D. Burger, and L. Dodge (ed.). Western Chapter. International Society of Arboriculture. Cohasset, CA. pp. 15-18.

Miller, R.W.(이규화 역). 1998. Urban Forestry: Planning and Managing Urban Greenspaces. Waveland Press, Long Grove, IL.

Pallardy, S.G. 2007. Physiology of Woody Plants (3rd ed.). Academic Press, Burlington, MA.

Sand, P. 1993. Design and Species Selection to Reduce Urban Heat Island and Conserve Energy. Proc. Sixth National Urban Forestry Conf. American Forests, Washington, D.C. pp. 148-151.

Schwarze, F.W.M.R., J. Engels, and C. Mattheck. 2004. Fungal Strategies of Wood Decay in Trees. Springer.

Sealana and Associates. 1994. City of San Jose Sidewalk Survey and Analysis Study. City of San Jose, Department of Streets and Parks, San Jose, CA.

Shigo, A.L. 1984. Compartmentalization: A Conceptual Framework for Understanding How Trees Grow and Defend Themselves. Ann. Rev. Phytopathology 22:189-214.

Shigo, A.L.(이규화 역). 1989. Tree Pruning: A World Wide Photo Guide. Shigo and Trees, Associates, Durham, NH.

Shortle, W.C., and K.R. Dudzik. 2012. Wood decay in Living and Dead Trees: A Practical Overview – USDA Forest Service, Northern Research Station General Report NRS-97).

Smiley, E.T., and S.J. Lilly. 2014. Best Management Practices - Tree Support Systems: Cabling, Bracing, Guying, and Propping (3rd ed.). International

Society of Arboriculture, Champaign, IL.
Smiley, E.T., S.J. Lilly, and L. Werner. 2013. Best Management Practices – Tree and Shrub Fertilization (3rd ed.). International Society of Arboriculture, Champaign, IL.
Smith, M.A.L. 외 8인. 2002. A Guide to the Plant Health Care Management System (Third Edition). International Society of Arboriculture. Champaign, IL.
Tree Care Industry Association. 2008. American National Standard for Tree Care Operations-Tree, Shrub, and Other Woody Plant Maintenance - Standard Practices (Pruning) (ANSI A300 Part 1). Tree Care Industry Association, Inc., Londonderry, NH.
Tree Care Industry Association. 2011. ANSI A300 (Part 1)-2011 Soil Management a. Modification, b. Fertilization, and c. Drainage. Tree Care Industry Association, Inc., Londonderry, NH.
Tree Care Industry Association. 2012. ANSI A300 (Part 5)-2012 Management of Trees and Shrubs During Site Planning, Site Development, and Construction. Tree Care Industry Association, Inc., Londonderry, NH.
Tree Care Industry Association. 2012. ANSI A300 (Part 6)-2012 Planting and Transplanting. Tree Care Industry Association, Inc., Londonderry, NH.
Tree Care Industry Association. 2013. ANSI A300 (Part 3)-2013 Supplemental Support Systems. Tree Care Industry Association, Inc., Londonderry, NH.
Tree Care Industry Association. 2013. ANSI A300 (Part 8)-2013 Root Management. Tree Care Industry Association, Inc., Londonderry, NH.
Turf and Recreation. 2015. www.turfandrec.com.
Wager, A., and P.A. Barker. 1983. Tree Root Damage to Sidewalks and Curbs. J. Arboriculture 9:177-181.
Watson, G. 2014. Best Management Practices - Tree Planting (2nd ed. 2014). International Society of Arboriculture, Champaign, IL.
Wikipedia. www.wikipedia.org.
Wong, T.W., J.E.G. Good. and M.P. Denne. 1988. Tree Root Damage to Pavements and Kerbs in the City of Manchester. Arboricultural J. 12:17-34.

국문 찾아보기

ㄱ

ㄴ

ㅅ

ㅇ

영문 찾아보기